国家级一流本科专业建设点配套教材·服装设计专业系列 丛 书 主 编 | 任 绘

高等院校艺术与设计类专业"互联网＋"创新规划教材 丛书副主编 | 庄子平

礼服设计制作

惠淑琴　周宏蕊　编著

U0194232

北京大学出版社

PEKING UNIVERSITY PRESS

内 容 简 介

　　本书是编者根据专业教学经验和研究成果，以国外的礼服设计研究为参考，结合多年的礼服设计实践编写而成的。本书介绍了国际通用的礼服规则、礼服的传统礼仪、礼服的种类、礼服的着装场合、礼服的戒律、礼服的设计规律等基础知识，还介绍了礼服的设计规律、制板、剪裁、缝纫等完整的工艺流程，同时通过解析世界著名设计师的经典作品来帮助学生拓宽设计视野和提升审美意识。

　　本书可作为高等院校服装与服饰设计、服装设计与工程、纺织服装设计等专业的教材，也可作为广大服装设计爱好者的自学参考用书。

图书在版编目 (CIP) 数据

礼服设计制作 / 惠淑琴，周宏蕊编著 . —北京：北京大学出版社，2024．1
高等院校艺术与设计类专业"互联网＋"创新规划教材
ISBN 978-7-301-34717-1

Ⅰ．①礼…　Ⅱ．①惠…②周…　Ⅲ．①服装设计—高等学校—教材②服装—制作—高等学校—教材　Ⅳ．① TS941.2 ② TS941.6

中国国家版本馆 CIP 数据核字（2023）第 257596 号

书　　　名	礼服设计制作	
	LIFU SHEJI ZHIZUO	
著作责任者	惠淑琴　周宏蕊　编著	
策 划 编 辑	孙　明	
责 任 编 辑	蔡华兵	
数 字 编 辑	金常伟	
标 准 书 号	ISBN 978-7-301-34717-1	
出 版 发 行	北京大学出版社	
地　　　址	北京市海淀区成府路 205 号　100871	
网　　　址	http://www.pup.cn　　新浪微博：@ 北京大学出版社	
电 子 邮 箱	编辑部 pup6@pup.cn　　总编室 zpup@pup.cn	
电　　　话	邮购部 010-62752015　发行部 010-62750672　编辑部 010-62750667	
印 刷 者	北京宏伟双华印刷有限公司	
经 销 者	新华书店	
	889 毫米 ×1194 毫米　16 开本　10 印张　195 千字	
	2024 年 1 月第 1 版　2024 年 1 月第 1 次印刷	
定　　　价	69.00 元	

序言

　　纺织服装是我国国民经济传统支柱产业之一，培养能够担当民族复兴大任的创新应用型人才是纺织服装教育的根本任务。鲁迅美术学院染织服装艺术设计学院现有染织艺术设计、服装与服饰设计、纤维艺术设计、表演（服装表演与时尚设计传播）4 个专业，经过多年的教学改革与探索研究，已形成 4 个专业跨学科交叉融合发展、艺术与工艺技术并重、创新创业教学实践贯穿始终的教学体系与特色。

　　本系列教材是鲁迅美术学院染织服装艺术设计学院六十余年的教学沉淀，展现了学科发展前沿，以"纺织服装立体全局观"的大局思想，融合了染织艺术设计、服装与服饰设计、纤维艺术设计专业的知识内容，覆盖了纺织服装产业链多项环节，力求更好地为全产业链服务。

　　本系列教材秉承"立德树人"的教育目标，在"新文科建设""国家级一流本科专业建设点"的背景下，积聚了鲁迅美术学院染织服装艺术设计学院学科发展精华，倾注全院专业教师的教学心血，内容涵盖服装与服饰设计、染织艺术设计、纤维艺术设计 3 个专业方向的高等院校通用核心课程，同时涵盖这 3 个专业的跨学科交叉融合课程、创新创业实践课程、产业集群特色服务课程等。

　　本系列教材分为染织服装艺术设计基础篇、理论篇、服装艺术设计篇、染织艺术设计篇、纤维艺术设计篇 5 个部分，其中，基础篇、理论篇涵盖染织艺术设计、服装与服饰设计、纤维艺术设计 3 个专业本科生的全部专业基础课程、绘画基础课程及专业理论课程；服装艺术设计篇、染织艺术设计篇、纤维艺术设计篇涵盖染织艺术设计、服装与服饰设计、纤维艺术设计 3 个专业本科生的全部专业设计及实践课程。

　　本系列教材以服务纺织服装全产业链为主线，融合了专业学科的内容，形成了系统、严谨、专业、互融渗透的课程体系，从专业基础、产教融合到高水平学术发展，从理论到实践，全方位地展示了各学科既独具特色又关联影响，既有理论阐述又有实践总结的集成。

　　本系列教材在体现了课程深厚历史底蕴的同时，展现了专业领域的学术前沿动态，理论与实践有机结合，辅以大量优秀的教学案例、社会实践案例、思考与实践等，以帮助读者理解专业原理、指导读者专业实践。因此，本系列教材可作为高等院校纺织服装时尚设计等相关学科的专业教材，也可为从事该领域的设计师及爱好者提供理论与实践指导。

中国古代"丝绸之路"传播了华夏"衣冠王国"的美誉。今天，我们借用古代"丝绸之路"的历史符号，在"一带一路"倡议指引下，积极推动纺织服装产业做大做强，不断地满足人民日益增长的美好生活需要，同时向世界展示中国博大精深的文化和中国人民积极向上的精神面貌。因此，我们不断地探索、挖掘具有中国特色纺织服装文化和技术，虚心学习国际先进的时尚艺术设计，以期指导、服务我国纺织服装产业。

一本好的教科书，就是一所学校。本系列教材的每一位编者都有一个目的，就是给广大纺织服装时尚爱好者介绍先进思想、传授优秀技艺，以助其在纺织服装产品设计中大展才华。当然，由于编写时间仓促、编者水平有限，本系列教材可能存在不尽完善或偏颇之处，期待广大读者指正。

欢迎广大读者为时尚艺术贡献才智，再创辉煌！

鲁迅美术学院染织服装艺术设计学院院长

鲁美·文化国际服装学院院长

2021 年 12 月于鲁迅美术学院

前言

　　服装礼仪是社交礼节的重要一环。在不同的场合穿上合适的服装，不仅体现出个人的品位、气质、文化和修养，而且是尊重对方的表现。服装随场合变换，更随着时代潮流的发展而呈现出多姿多彩的面貌。礼服是在重大场合穿着的正式服装的统称，其产生和演变与人们的生活方式息息相关。中国自古推行以礼治国，被誉为"礼仪之邦"，"礼"是中华民族的文化基因。在中华传统文化里，服制辅佐国家治理，引领礼仪风范。

　　中华优秀传统文化是中华民族的精神命脉，是涵养社会主义核心价值观的重要源泉。党的十八大以来，习近平总书记高度重视中华优秀传统文化的传承发展，多次强调中华传统文化的历史影响和重要意义，赋予其新的时代内涵。本课程通过理论知识的学习和经典案例设计分析，加强学生的设计素养与文化底蕴，深入挖掘、提炼、升华传统服饰文化精髓，弘扬中华审美风范，增强学生传统文化传承及创新能力，用优秀的设计作品讲好中国故事、传播好中国声音，培养能够践行社会主义核心价值观，具备德、智、体、美、劳全面发展的艺术人才和堪当民族复兴重任的时代新人。

　　在现代社会，中国礼服深受西方礼仪、礼服的影响。尽管在这方面中西方存在一定的差异，但是仍有一些基本的内容是共同的。十七八世纪，法国波旁王朝时代的宫廷贵族服装，作为现代礼服的基础样式被继承下来。在此后很长的服装发展史上，由于受到各个时代社会思潮的影响，以及礼仪得到重视，礼服也被定了等级、廓形，发展成今天的样式。现如今，随着我国经济的发展和大众生活水平的提高，人们对礼服的追求向着舒适、美观及高品质的方向发展。因此，现代的服装设计师不仅要全方位地了解礼服设计的基础知识，将传统的礼仪着装规范与现代的时尚要素进行统一，将民族文化特点、习惯、风格自然地与国际礼服规范相融合，而且要熟练地掌握礼服设计的方法与制作技巧，并不断地进行研究和探索，在实践中不断地总结经验，结合流行时尚设计出既实用又具有一定审美价值的礼服。

　　"礼服设计制作"是鲁迅美术学院染织服装艺术设计学院的传统课程，体现了服装与服饰设计专业的历史性与传承性，既注重借鉴国外有益的理论和方法，又注重弘扬中华民族优秀的传统文化。本书通过礼服的知识、礼服制作工艺、礼服的设计与制作、世界著名服装设计师作品欣赏 4 章的讲解，图文并茂地阐述了礼服设计与制作的相关知识，可使读者了解礼服的基础知识、设计与制作过程及方法等内容。

　　近年来，国内各大高校服装方向的专业相继成立，研究礼服设计与制作方面的论著相继面世，成果累累。本书抛砖引玉，衷心地希望能为中国服装教育领域的发展起到添砖加瓦的作用。

　　限于学力，书中难免存在不足之处，恳请广大读者不吝赐教指正。

惠淑琴

于鲁迅美术学院

2023 年 3 月

导论 /1

第一章 礼服的知识 /3

第一节 礼服的规则与分类 /4
　　一、国际通用规则 /4
　　二、男性礼服的种类 /5
　　三、女性礼服的种类 /11
　　四、结婚礼服 /22
　　五、丧礼服 /27

第二节 礼服的戒律及常备礼服 /28
　　一、礼服的戒律 /28
　　二、日常必备的礼服 /35

第二章 礼服制作工艺 /37

第一节 面料边缘常用处理工艺 /38
　　一、缝份的处理 /38
　　二、裁边的处理 /39

第二节 紧身胸衣的知识和制作 /41
　　一、紧身胸衣的历史 /41
　　二、紧身胸衣的面料 /47
　　三、紧身胸衣的支撑材料及固定方法 /47
　　四、紧身胸衣的常用款式 /49
　　五、紧身胸衣的制作 /49
　　六、紧身胸衣的缝制方法 /56

第三节 裙撑的知识和制作 /57
　　一、裙撑的历史 /57

目录

二、裙撑材料与造型的选择 /63
三、裙撑的制作 /63

第三章 礼服的设计与制作 /69

第一节 礼服的设计 /70
一、礼服设计的主题风格和灵感来源 /70
二、绘制设计草图 /79
三、确定款式与材料 /81
四、绘制效果图和款式结构图 /84

第二节 礼服的制作 /85
一、礼服制作的基本过程 /85
二、立体裁剪的其他要点 /95

第四章 世界著名服装设计师作品欣赏 /97

一、查尔斯·弗雷德里克·沃斯作品欣赏 /98
二、珍妮·帕康作品欣赏 /106
三、保罗·波依莱特作品欣赏 /106
四、麦德林·维奥涅特作品欣赏 /115
五、加布里埃·香奈儿作品欣赏 /115
六、格雷夫人作品欣赏 /125
七、艾尔莎·夏帕瑞丽作品欣赏 /125
八、克里斯特巴尔·巴伦夏加作品欣赏 /134
九、克里斯汀·迪奥作品欣赏 /134
十、查尔斯·詹姆斯作品欣赏 /134

参考文献 /封三

导　论

　　"礼服设计制作"是鲁迅美术学院服装与服饰设计专业的必修课程，开设在四年级的最初阶段。通过前3年的学习与积累，本阶段主要培养学生的造型、设计理念、创意方法与思维、制作工艺、手工缝制、面料识别等综合能力；使学生能够根据研究课题制订设计制作方案，并有一定的执行能力，具有创新意识、团队合作精神，能够比较完整清晰地表达出设计理念、展示学习研究成果；使学生在服装、饰品、工艺、材料、制板、制作技能及市场等方面的综合能力得到训练与提升。

　　在内容设置上，全书分为礼服的知识、礼服制作工艺、礼服的设计与制作、世界著名服装设计师作品欣赏4章，明确礼服的概念、设计规律、面料、辅料、装饰材料的运用技法和外观效果，解决礼服立体裁剪中所涉及的问题，以及上机缝纫的过程中出现的问题。本书主要通过礼服基础知识及经典作品解析，引导学生学习在礼服设计过程中必须遵守的规律和可以突破的范围，以及材料运用的相关知识；通过网络、图书馆、市场等信息对流行趋势进行考察、调研，并结合现代的时尚要素进行设计制作，训练学生对工艺流程的认知与实践能力，为其接下来的毕业设计打下坚实基础。

　　教学重点是掌握日间礼服、晚间礼服、结婚礼服、丧礼服的设计规律，解决好传统礼仪与时尚之间的问题、礼服在使用中的戒律、面料和材料的运用要求等问题。教学难点在于：其一，在设计观念上，如何解决传统礼仪着装要求与服饰时尚元素之间的问题；其二，在立体裁剪（简称"立裁"）过程中，如何保证时尚要素、造型要素、材料要素之间的和谐统一；其三，在缝制过程中，如何解决不同材料、辅料和伸缩特性，直纹与斜纹的对接特性，正常面料与非服装面料之间的差别、统一等问题。

　　为了更好地契合本专业的培养定位，符合教学实际，培养学生的学习能力、应用能力、协作能力和创新能力，近年来，本课程在作业内容与形式上不断调整与改革，主要有个人设计制作与小组设计制作两种形式，不仅要求礼服作品为原创设计，而且强调服装在呈现的过程中要亲自动手制板及制作，以切实提高专业实践能力，充分体现"艺术与技术并重"的核心理念。

CHAPTER ONE

第一章
礼服的知识

【本章要点】

1. 了解国际通用的礼服规则。

2. 掌握男性礼服与女性礼服的种类。

3. 掌握结婚礼服与丧礼服。

4. 认知礼服的戒律。

【本章引言】

通过本章的学习，应能根据服装的用途分类，如日间礼服、晚间礼服、结婚礼服、丧礼服等，在比较正式的相关场合穿着得体。本章按照西式男性、女性礼服的类别，以不同时间、地点、场合的顺序进行详细的分类介绍，并简要说明常见的礼服戒律。

第一节 礼服的规则与分类

一、国际通用规则

礼服是礼仪的一种通用语言标志。凡是参加国际交往、外事活动，或在出访、迎宾、结婚等各类正式的、隆重的、严肃的场合，都应穿礼服。

礼服具有一定的规则性，应根据国际通用的"TPO原则"（时间——Time、地点——Place和场合——Occasion）穿着。在19世纪以前的欧美诸国，就有早、中、晚换装两三次的习惯，并持续至今。国际服装界礼服的标准一般针对男士而言，对女装则没有太多约束。这也正是在正式场合男性礼服整齐划一，而女性礼服丰富多彩的原因。

西式着装的正式礼服分为日间礼服和晚间礼服两种。以时间来选择穿衣是西式着装的首要条件，忽略了时间就会失礼。尤其是正式礼服，男女着装都有明显的昼夜区别。

对于一些比较重要的场合来说，下午6点以后是穿晚间礼服的时间。在欧美，有下午"6点前"和"6点后"的概念。因此，学习礼服的知识，我们一定要牢记"下午6点"的时间观念。需要穿礼服的场合不外乎有以下4种（图1.1）。

（1）上午某些仪式或午餐会，需要穿正式礼服，男性穿晨礼服，女性穿上午礼服或午后礼服。

（2）午后开始的派对或茶会，需要穿半正式礼服，男性穿社交礼服、董事套装或黑礼服，女性穿午后礼服。

（3）傍晚开始的鸡尾酒会或20：00以后，需要穿正式礼服，男性穿燕尾服（燕尾服、黑礼服或深色礼服），女性穿晚礼服、夜礼服、晚宴服或舞会服。

（4）在以晚餐为主的派对场合（在欧美，晚餐派对开始的时间是19：00—20：00），需要穿非正式礼服，男性穿无尾礼服、普通西装，女性穿晚礼服、晚宴服或鸡尾酒礼服。

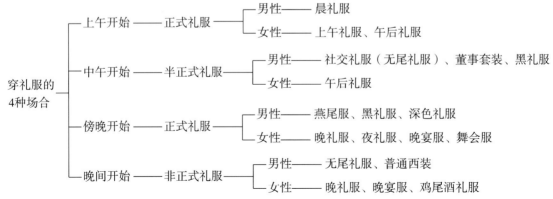

图1.1 穿礼服的4种场合

总之，我们应该牢记时间的概念：下午 6 点是昼夜的分界线。

二、男性礼服的种类

男性礼服可分为三大类：正式礼服、半正式礼服、非正式礼服。这三大类礼服分别适合不同的仪式、集会或派对的场合。例如，欧洲有授封爵位勋章的习惯，二等及以上授勋仪式多选择在皇宫举行，授勋者和被授勋者都要着正式礼服；而二等以下和一般的授勋仪式则不在皇宫举行，穿半正式礼服就可以了。下面仅介绍正式礼服和半正式礼服。

1. 正式礼服

（1）燕尾服

燕尾服被称为"礼服之王"。图 1.2 所示的这种燕尾服是夜间（下午 6 点以后）的男性正式礼服，在正式的招待会、剧院、结婚、宴会时穿用。这种燕尾服的样式特征是：前面的衣襟下摆像背心一样短短的，并配以 6 粒装饰纽扣；领子是半剑领或丝瓜领，上面盖领绢，后面是长长的燕尾；上衣和裤子均为黑色、深蓝色或深藏青色纯毛料制作，衬衫领子是前褶翼领，里面的马甲和领结是白色的，裤脚是单的，没有反褶，要装饰两条侧章。

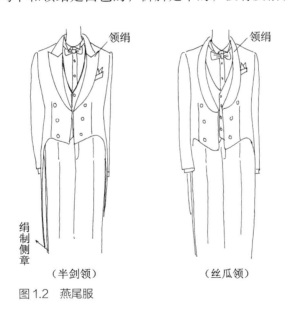

领绢　　　　　　领绢

绢制侧章

（半剑领）　　　　（丝瓜领）

图 1.2　燕尾服

英国是世界上最早发明西装裁剪技术的国家，其裁剪工艺历经多年的发展和改良，能充分突出男性的优点与气势。18 世纪中叶，英国进入产业革命时期，男装变得越来越实用，那时出现了一种被称为"夫拉克"（Frock）的上衣，其最大特点就是门襟自腰围线起斜着裁向后下方。夫拉克是燕尾服的前身，也是现在晨礼服的始祖。到 1780 年，英国出现毛料夫拉克，这种朴素、实用的英国式夫拉克从此成为男服的定型，在英国确立了男装流行的主导权。1815 年以后，欧洲的衣着风格也逐渐转变为英国绅士情调，特别是在维多利亚时代，英国贵族男装以自然、优雅、含蓄、高贵为特点，运用了苏格兰格子、良好的剪裁技术及简洁修身的设计，体现绅士风度与贵族气质，并随之影响整个欧洲甚至美国（图1.3、图1.4）。

在法国，17世纪形成的男子三件套装到18世纪在款式造型上逐渐向近代男装发展。在路易十六执政时期，男服三件套装已基本成型，衬衫外穿马甲，马甲外穿长上衣。这种长上衣被当作社交时穿的正式服装，用料高级，装饰精致，多有刺绣。1760年以后，男上衣门襟开始自腰围线起斜向后下方裁，这是下个时代燕尾服的雏形（图1.5）。

图1.3 维多利亚时代初期流行的男服三件套

图1.4 1815—1920年英国绅士套装：燕尾服、马甲和衬衫（镀金金属扣和羊毛面料的燕尾服，丝绸制作的马甲）

图1.5 18世纪流行的男服三件套（上衣夫拉克、马甲基莱和裤子克尤罗特）

燕尾服在1789年法国大革命之前就已进入法国。那时，燕尾服在整个欧洲，无论是在正式场合还是在非正式场合，早已成为一款非常普遍的男装。图1.6所示为法国大革命时期时髦的男士燕尾服套装，夫拉克驳头翻折止于腰节处，前襟敞开不系扣，露出里面马甲基莱，后面的燕尾到膝部稍上。图1.7所示为19世纪初期时髦男性穿的燕尾服，这种由夫拉克、基莱和庞塔龙组成的三件套，作为上流社会男子的社交服一直沿用到19世纪。

燕尾服的样式基本上可以分为两种：一种和现在的晨礼服相似，从前面的高腰处斜裁掉前身（图1.8）；另一种前面从腰部横向裁掉，即现在的燕尾服款式（图1.9）。然而近年来，人们的着装观念悄然发生了改变，越来越倾向于轻松和不受束缚，这种正式的燕尾服在欧美较少被穿着，除非是非常讲究排场和正式的社交场合、派对或晚餐会，人们才会穿着。

图 1.6 法国大革命时期时
髦的男士燕尾服套装

图 1.7 19 世纪初期时髦
男性穿的燕尾服

图 1.8 1800 年宫廷正式礼服
（倾斜式燕尾服和马甲，如此丰富
的面料和刺绣不再是日常穿着）

图 1.9 1790 年腰部横向
裁剪的燕尾服

（2）晨礼服

晨礼服也称为上午礼服，是参加在白天举行的重要仪式或结婚典礼时穿的礼服
（图 1.10）。晨礼服的样式特征是：衣料使用黑色的纯毛面料，领子是半剑领的样式，前面
有一粒纽扣，后片与燕尾服相同，从腰围线至下摆开着长长的后开衩。裤子采用灰色和黑
色的条纹料子，裤角是单的不反褶，里面的马甲与上衣是同一种布料，衬衫是白色的褶襞

胸式或普通的衬衫型，领子是翼领或双褶领（衬衫领），领带是黑白条纹或银灰色（一般在丧礼时使用黑色领带）。如图1.11中的新郎穿着的就是晨礼服。如图1.12所示为1996年摩西·莫斯（Moss Bros）晨礼服三件套。摩西·莫斯品牌于1851年创立于伦敦考文特花园，主打正式场合穿着的男装，全套西装、衬衣、领带、鞋一应俱全，是英国享有盛誉的高端男士西服定制品牌。

图1.10　晨礼服　　　　图1.11　1951年一对新人在伦敦举行的　　图1.12　1996年摩西·莫斯晨
　　　　　　　　　　　婚礼　　　　　　　　　　　　　　　　礼服三件套

2. 半正式礼服

（1）社交礼服

对于半正式礼服，美国人称为"无尾礼服"，而英国人称为"无尾正餐礼服"，是在夜间较正式的社交场合穿的礼服（图1.13）。这种礼服可以在宴会、剧院、舞会、婚礼等场合穿着。

半正式礼服的样式特征是：上衣的颜色是黑色或深蓝色的纯毛面料，夏天也可使用白色的，领子的样式是丝瓜领或半剑领，上面盖丝制的领绢（有光泽的效果）。裤角是单的不反褶，装饰一条丝质侧章。里面不用穿马甲，腰间束有丝绸的装饰宽腰带，不结领带而结装饰蝴蝶领结，颜色与装饰腰带的料子相同，衬衫是白色的，加襞胸或褶。如图1.14中的男装就是半正式礼服。

从19世纪中期起，半正式礼服被当作当时夜晚的正式礼服来使用。1886年，美国纽约的"无尾礼服俱乐部"开始把半正式礼服当作燕尾服的代用品，自此半正式礼服在美国社会大为流行，并演变为今日的无尾礼服。如图1.15所示为1990年理查德·詹姆斯（Richard James）定制西服。理查德·詹姆斯是典型的英国奢侈品牌，以精准简洁的裁剪而闻名，是当代男装剪裁的标杆。

領绢

（半剑领）　　　　　　（丝瓜领）

图 1.13　半正式礼服

图 1.14　2012 年英国皇家温莎马展上穿着半正式礼服的男子

图 1.15　1990 年理查德·詹姆斯定制西服

（2）董事套装

董事套装与其说是为董事会成员专设的一种礼服套装，不如说它是上层社会将晨礼服大众化、职业化的产物（图 1.16）。董事套装在过去是公司的董事长或学校的校长等主管在日常穿着的套装，现在逐渐演变成白天的半正式礼服。

董事套装主要构成是西装三件套，其样式特征是：领子为平驳头西装领，里面的马甲与上衣同布料，衬衫与普通礼服衬衫已没有什么区别，裤子根据场合、目的要求可以选择和三件套相同的裤子（上衣和裤子面料相同）。董事套装的日间准礼服的级别与三件套、黑色套装的常礼服之间界限模糊，可以在更广泛的礼服空间中使用。有一种理论认为，董事套装就是常礼服中的最高级别或特殊形式，这说明作为常礼服的黑色套装的全天候组合形式也适用于董事套装。如图 1.17 所示为汤米·纳特（Tommy Nutter）的定制西服三件套。在20 世纪六七十年代的伦敦，无论贵族阶层、流行歌星，还是伦敦东区的时髦青年，都渴望拥有一套汤米·纳特的定制西服。

图 1.16　董事套装

图 1.17　1983 年汤米·纳特定制西服

（3）黑礼服

黑礼服是黑色的双排扣或单排扣的西服套装（图 1.18、图 1.19），本来不属礼服的范畴，但由于近些年人们越来越不喜欢拘束，崇尚简练的生活品位，这种样式的黑色套装逐渐演变成晨礼服和半正式礼服的代用服装。黑礼服在结婚典礼、派对、颁奖或告别仪式等场合广泛穿用，在日本甚至有"一套黑色礼服在手，冠婚丧祭都不成问题"的说法，可见它在男性礼仪服装中的地位确实重要。

随着时代的发展，礼服的着装标准和要求也在慢慢发生变化。比如说燕尾服，在今天仅限于特定的典礼场合，以及在古典乐队指挥、古典交际舞者、豪华酒店服务生身上偶尔能见到。晨礼服的命运也一样。在全球化趋势下，简化的礼节势必促使礼服语言更加通用简洁，着装更加注重实用，原属半正式的晚礼服和全天候通用的黑色套装已成为现代男性礼服的主流。

图 1.18　双排扣黑礼服

图 1.19　单排扣黑礼服

三、女性礼服的种类

1. 女性日间正式礼服

　　女性日间正式礼服也称为午后礼服，原来以宫廷的"长礼服"为原型，其样式特征是领口紧缩，长袖、收腰、裙摆长至脚踝处。这种日间正式礼服以连衣裙样式为正宗（图 1.20、图 1.21）。随着时代的发展，人们穿着观念和服装工艺的进步，上下一套的套装也可以作为女性日间正式礼服；即使裙子短些（并非迷你裙），也常作为女性日间正式礼服来穿用，这是因为在一定程度上受到时尚的影响。但是，在结婚典礼上介绍人的夫人、新娘新郎的母亲、女性长辈，或在非常隆重的场合担任主角的女性，或在授勋颁奖、颁发毕业证等场合的女性，即使是白天也要穿长的日间正式礼服，尤其是想使仪式具有古典意味时，更得穿长礼服不可。

　　女性日间正式礼服的设计要求是：尽量不露或少露肌肤，窄领长袖，既要优雅和简练，又要漂亮和时髦，还要具有时尚元素（如面料、饰物和工艺等）。如图 1.22 中女性穿着为 19 世纪晚期比较流行的带有时尚元素的日间正式礼服。夏季使用的日间正式礼服设计可以露少许肌肤，袖子可以用中袖。

图 1.20 1899 年使用蕾丝装饰的丝绸罗缎礼服

图 1.21 20 世纪初日间正式礼服

图 1.22 1874 年船上的节日（身穿蓝白相间薄纱面料礼服的两位年轻女子非常时髦，已经戴上了新式样的水兵帽）

    日间正式礼服可以根据活泼感和稳重感采用不同的颜色进行设计，如图 1.23、图 1.24 所示。

    女性日间正式礼服的颜色应该选用纯色衣料，如果选用花布，一定要用手绘或晕染的、刺绣的漂亮花布；如果是一般的印花布，最多只能做半正式礼服，不能做日间正式礼服（图 1.25）。

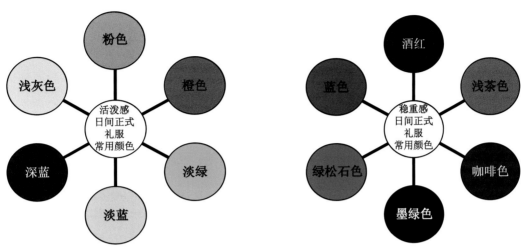

图 1.23 活泼感日间正式礼服常用颜色　　　　图 1.24 稳重感日间正式礼服常用颜色

图 1.25 2012 年英国女王伊丽莎白二世的日间正式礼服

为了使女性日间正式礼服更具优雅效果，一般搭配帽子，适合搭配的帽子有宽边帽、边帽、翻边帽、无边软帽、钟形帽、无边有带女帽、平顶女帽等。帽子的颜色按季节变化来选择，一般来说与衣裙共料或同一颜色者为上品。当然，还要搭配合适的手套、手提包、鞋子、项链等服饰品来提高日间正式礼服整体的效果和格调。如图 1.26 所示为 1909 年长至脚踝的日间正式礼服，搭配有宽边帽、长手套、手袋等服饰品。如图 1.27 所示为英国王室成员日间穿着的正式礼服及搭配的服饰品。

2. 女性晚间正式礼服

女性晚间正式礼服是晚上 8 点以后穿着的正式礼服，又称晚礼服、夜礼服、晚宴服或舞会服，是女性礼服中最高档次、最具特色、充分展示个性的礼服样式。晚间正式礼服常与披肩、外套、斗篷之类的衣服搭配，与华美的装饰手套等共同构成整体装束效果。

图 1.26　1909 年日间正式礼服及搭配的服饰品

图 1.27　英国王室成员日间穿着的正式礼服及搭配的服饰品

　　女性晚间正式礼服在法语中是"袒胸礼服"，所谓"袒胸"，就是把领间向前开低（低领）或向后背阔（露背）的意思。因此，可以直观地说，晚间正式礼服是把胸、肩、背露出来的曳地长裙。女性晚间正式礼服一般有露肩式、单肩式、省去袖子的露肩式和露背式几种，如图 1.28～图 1.30 所示为露肩式晚间正式礼服，如图 1.31～图 1.33 所示为单肩式晚间正式礼服，如图 1.34～图 1.36 所示为省去袖子的露肩式晚间正式礼服，如图 1.37～图 1.39所示为露背式晚间正式礼服。

　　女性晚间正式礼服的制作材料尽量选用反光的金银丝织、绸缎丝质、雪纺绸等（图 1.40）。如图 1.41 所示为 1900 年左右裁缝师娜达日代·拉玛诺娃（Nadejda Lamanova）设计的晚礼服，在缎子的底裙上罩了一层薄薄的白色绢网、雪纺绸、织锦缎和蕾丝花边，上面用亮片和银线绣满了花卉图案，这件晚间正式礼服来自最后一位沙皇皇后的衣橱。如图 1.42、图 1.43 所示为 20 世纪初期的晚间正式礼服。它们夏天多用质地薄的或透明的丝织面料，冬天多用有重量感的天鹅绒等面料。晚间正式礼服以露肤为主，但在室外未进场时必须披盖东西，如大衣、斗篷、披肩等，这些统称为晚间正式礼服外套。如图 1.44 所示为20 世纪 60 年代纪梵希（Givenchy）早期的晚礼服，外套搭配鸵鸟羽毛裙，丝质透明纱衬里。如图 1.45 所示为迪奥（Dior）高级定制晚间正式礼服。

图 1.28 镶嵌亮片装饰的露肩式晚间正式礼服

图 1.29 红色露肩式晚间正式礼服

图 1.30 2003 年露肩式晚间正式礼服

图 1.31 1950 年单肩式晚间正式礼服

图 1.32　1991 年英国戴安娜
王妃的单肩式晚间正式礼服

图 1.33　红色单肩式晚间正式礼服

图 1.34　1950 年皮埃尔·巴尔曼（Pierre
Balmain）设计的露肩式晚间正式礼服

图 1.35　2011 年春夏迪奥高级定制露肩式晚
间正式礼服

图 1.36 2013 年迪奥高级定制露肩式晚间正式礼服

图 1.37 1975 年露背式晚间正式礼服

图 1.38 拖尾露背式晚间正式礼服

图 1.39 露背式晚间正式礼服

图 1.40　罗达特（Rodarte）设计师姐妹组合凯特·穆里维和劳拉·穆里维的礼服作品

图 1.41　1900 年左右娜达日代·拉玛诺娃设计的晚礼服

图 1.42　1905 年英国晚间正式礼服

图 1.43 奢华性感的 20 世纪初晚间正式礼服

图 1.44 20 世纪 60 年代纪梵希早期的晚间正式礼服

图 1.45 迪奥高级定制晚间正式礼服

3. 女性鸡尾酒礼服

女性鸡尾酒礼服是指女性在鸡尾酒派对、半正式或正式场合穿着的，介于日间正式礼服与晚间正式礼服之间的礼服，也称为小礼服（图1.46～图1.49）。这种礼服更注重场合、气氛的轻松，在款式上相对简化一些，更为典雅、含蓄。鸡尾酒会是在16：00—18：00这一时间段举办的朋友之间的非正式酒会，大家一般都站着饮食和交谈，女性穿着的礼服较为短小精干。

图 1.46　20 世纪 20 年代女性鸡尾酒礼服

图 1.47　2005 年秋冬迪奥首席设计师约翰·加利亚诺（John Galliano）设计的女性鸡尾酒礼服

图 1.48　2012 年女性鸡尾酒礼服作品

图 1.49　女性鸡尾酒礼服局部

女性鸡尾酒礼服既具有日间正式礼服轻松的特点，又具有晚间正式礼服华丽的特点，所以成为东西方文化都能接受且在世界范围流行的礼服样式。它是一种能够大量吸收和表现时尚特征的非正式礼服，材料以符合夜晚情调的闪光料子为宜（图1.50、图1.51）。女性鸡尾酒礼服的用料一般有缎子、金银线织物、塔夫绸、柔软编织品、山东绸、啫丝、棉细布、纯色花布、串珠、刺绣等。

尽管夜晚以不戴帽子为宜，但穿女性鸡尾酒礼服也可以搭配带有帽檐的小型专用帽子，如无边帽、有边帽、便帽、软帽等（图1.52、图1.53）。

图 1.50　面料有光泽感的女性鸡尾酒礼服

图 1.51　2006年秋冬维果罗夫（Viktor & Rolf）高级定制银色女性鸡尾酒礼服

图 1.52　1963年超模简·诗琳普顿（Jean Shrimpton）身穿迪奥女装

图 1.53　迪奥女性鸡尾酒礼服搭配帽子设计

四、结婚礼服

1. 新郎礼服

新郎礼服设计首先要考虑与新娘礼服设计的风格相协调，其次要考虑礼服的样式、颜色、材料、剪裁和缝制品质。

如果新郎穿黑色礼服或暗颜色的礼服，则新娘可以穿半正式午后礼服；如果婚礼时间延至傍晚，新郎穿燕尾服的话，新娘则要穿漂亮的晚间正式礼服。如图 1.54 中的新郎穿着燕尾服，新娘穿着露肩式晚间正式礼服。

1840 年 2 月 10 日，英国女王维多利亚与阿尔伯特亲王举行了盛大的皇室婚礼。维多利亚女王穿着一袭白裙，上面缀满珍贵的蕾丝，圣洁的白色贯穿了之后近两百年的西方婚礼文化，成为真挚爱情与完满婚姻的象征。从图 1.55 中能够看到 19 世纪盛大的英国宫廷婚礼场面，维多利亚女王身穿带有英国手工制作蕾丝花边的礼服，阿尔伯特亲王身穿燕尾式军官制服。

图 1.54　1839 年结婚礼服　　　　图 1.55　1840 年维多利亚女王与阿尔伯特亲王的婚礼场面

如果婚礼选择正式礼服，新娘穿古典风格的长裙子，那么新郎就要穿晨礼服，但晨礼服可以在其原型基础上进行一些小的设计，如颜色变化、镶边和领结形状的变化等。如图 1.56 中的新郎穿着晨礼服，新娘穿着午后礼服。

如果新娘穿半正式礼服，则新郎要穿社交礼服（无尾礼服）来配合。当然，现在新娘的正式礼服与新郎的无尾礼服搭配也比较普及，如图 1.57、图 1.58 所示。如果新娘穿比较时尚的短裙，那么说明这是一场非正式的婚礼仪式，新郎可以选择非正式礼服来搭配。新娘也应适当地配合新郎的着装，如在仪式后的婚宴场合，如果新郎仍然穿晨礼服的话，那么

图 1.56　1941 年伦敦结婚礼服　　　图 1.57　1992 年结婚礼服　　　图1.58　2010 年香奈儿(Chanel)结婚礼服

新娘要穿长的午后礼服（当然，在设计上要有婚礼的特征，如色彩和小局部的装饰等），并可以搭配有帽檐的帽子。

2. 新娘礼服

纯白色的新娘礼服的历史可以追溯到古埃及和古希腊时期。从那时起，新娘礼服就崇尚单纯的颜色，而其中大部分是白色。只是到了古罗马时代，才开始使用红色和黄色。至中世纪及文艺复兴时期，新娘礼服已经演变成一般的盛装，但是头上戴的面纱仍然是白色的。如图 1.59～图 1.62 所示都是 19 世纪的新娘礼服。

图 1.59　19 世纪 50 年代克里诺林样式的新娘礼服与伴娘礼服

图 1.60　19 世纪 50 年代克里诺林样式的新娘礼服

图 1.61　1851 年英国贵族新娘礼服　　　　图 1.62　1855 年深 V 领克里诺林样式
　　　　　　　　　　　　　　　　　　　　的新娘礼服

　　白色和蓝色是结婚礼服设计时最受欢迎的颜色，因为白色代表纯洁，蓝色代表忠诚。直至 19 世纪，几乎没有白色以外的婚纱。至于再婚时，人们多数选择淡色的婚纱。再婚的女性如果还是喜欢穿白色的礼服，不妨在设计上稍加心思改动一下，使礼服看起来好像是晚宴服，这样就显得比较礼貌和庄重，给人以好感。

　　现在，白色几乎成为新娘礼服的唯一颜色，而且只能在第一次结婚时穿着，全身白色的装扮已经成为结婚的一种最高格调的礼仪。

【中式结婚礼服】

　　每个国家的结婚礼服都因各自的风俗习惯而带有区域特点。例如，日本结婚礼服就带有浓郁的日本习俗特点，在结婚当天新郎和新娘都会穿上传统的和服。改良后的日本结婚礼服以白色为主，象征着纯洁无瑕的婚姻。新郎穿上黑色的内衫和裙裤，在内衫外披上一件黑色的外褂，并手拿白色的扇子出现在婚礼现场。另外，宾客不宜身穿白色的服装出席婚礼。如图 1.63、图 1.64 所示分别为日式传统和改良的结婚礼服。

　　在设计结婚礼服时，除了考虑整体廓形，还要注重细节的设计，如背部、领口、裙摆、头饰及花童的服饰搭配等都要慎重考虑，使礼服的整体效果既统一又有新意。如图 1.65～图 1.68 所示为结婚礼服的细节设计。

图 1.63 日式传统结婚礼服

图 1.64 日式改良结婚礼服

图 1.65 18 世纪 70 年代英国宫廷结婚礼服华托背的设计

图 1.66 新娘礼服的领口设计

图 1.67 1844 年新娘礼服的头饰

图 1.68 2008 年英国帽饰设计师菲利普·崔西（Philip Treacy）设计的结婚礼服头饰

3. 婚礼习俗

在中国，通常人们认为在婚礼上新人应该全部使用新的物品，以表示新的人生的开始。如中国人结婚时，东西南北的风俗都不同，有的地方在婚礼上摆上枣、花生、桂圆、栗子等都具有吉祥的象征意义。但在欧美有一个婚礼习俗，认为婚礼上新人身上应该有四样物品，才会有幸福的婚姻生活。虽然各种物品的具体内容及象征意义在各国不尽相同，但总的来说，都具有"讨吉祥"的传统意义。

【中式婚礼习俗】

（1）一些古老的东西，如祖先传下来的物品，或母亲用过的面纱、发饰、首饰等，表示传统。

（2）一些新的东西，如婚纱或一些装饰品，表示新生。

（3）一些借来的东西，如向有钱人或有名望的亲戚朋友借来的金银首饰等，表示希望以此带来财运。

（4）一些蓝色的东西，如蓝色的丝带、蓝色的花束等结在内裙或吊袜带上，表示新娘的纯洁。

如图 1.69 所示为 2007 年，美剧《欲望都市》女主角凯莉身穿维维安·韦斯特伍德（Vivienne Westwood）设计的结婚礼服，头饰使用了一点蓝色设计。

图 1.69 2007 年维维安·韦斯特伍德设计的结婚礼服

4. 新娘花束

在婚礼上，新人除了穿着结婚礼服，新娘手里还要捧着鲜花（图 1.70）。新娘花束的选择是有一些讲究的，花束可以选用新娘喜欢的当季鲜花，但对于高格调的结婚礼服来说，一般只限白色的花束，而且花束本身也有其格调。

对于婚礼来说，最高格调的花束包括亚马逊百合花、君子兰及其他白色的鲜花；次等格调的花束包括玫瑰、百合、加多利兰及紫罗兰等鲜花；民俗格调的花束包括延寿菊、大丁草等带有野生感的鲜花，一般配合棉纱类民俗格调的婚纱使用。

图 1.70 新娘花束

五、丧礼服

丧礼现场是一个正式的场合，应穿着适合现场气氛的服装，不仅表示对逝者的尊重，而且表达了对逝者的缅怀和悼念之情，以及与逝者生前的情感关系。

在日本及东南亚一带，丧礼服也称为孝服。丧礼服也是礼服家族的一员，一般分为正式、半正式、非正式 3 种类别。

1. 男性丧礼服

男性丧礼服的种类包括正式丧礼服（晨礼服），半正式丧礼服（黑礼服、无尾礼服）和非正式丧礼服。其中，非正式丧礼服一般为深颜色的礼服或深色便装。对于男性来说，冠婚丧祭的礼服是通用的，因此不多作介绍。

逝者的近亲或非常重要的朋友在丧礼、告别式或法事等场合，要穿正式丧礼服（晨礼服），如果里面需要穿背心，必须是黑色的，且与外衣同布料。虽然白色、灰色都是素色，但不适合作为丧礼服的颜色。配合丧礼服的领带也必须是黑色的。近亲参加丧礼，还必须佩戴素章（左臂带一块黑布），而且除了素章，领带、胸袋手帕、袜子、鞋子也应该都是黑色的。参加丧礼如戴手表，应该避免戴华丽的饰有金边的手表，甚至连太招摇的配饰都不应该佩戴。

2. 女性丧礼服

与男性一样，女性在参加丧礼时，也要穿素服，以表达对逝者的哀悼之情。女性丧礼服包括正式丧礼服（黑色午后礼服）、半正式丧礼服（半正式午后礼服）、非正式丧礼服（保守一些的套装，不露太多肌肤的连衣裙）。

（1）女性正式丧礼服

女性正式丧礼服以黑色的午后长礼服为最高格调，在设计上注意领口的部分要小，避

图 1.71　正式丧服

免用波形褶、大型纽扣或漂亮夸张的蝴蝶结等。这种丧礼服的曲线不要太突出，薄的面料（如纱、蕾丝等）要加衬里，使面料不透明，装饰品不宜太多，鞋子、袜子、纽扣、腰带等都应该是黑色的，而且款式要庄重、平实，还不宜穿太高的高跟鞋。（图 1.71）

（2）女性半正式丧礼服

非近亲参加比较隆重的丧礼时，可以穿半正式丧礼服。正式丧礼服的搭配一般是配套的，而半正式丧礼服则可以不配套，可以适当地选择流行的款式，如领子可以开大一点，上身可以合身一些，裙子可以有褶边、刺绣，但颜色应该始终以黑色为基调。

（3）女性非正式丧礼服

如果参加普通的吊唁或普通的丧礼，可以穿非正式丧礼服。对于非正式丧礼服，基本上只要颜色暗淡、款式庄重的服装就可以，但要注意避免穿着领口太大、没有袖子、装饰的褶饰太多、上下装颜色差别太大和太过抢眼的服装等。

3. 丧礼服设计注意事项

配合丧礼服的装饰品应尽量少，女性丧礼服除了珍珠，所有的小饰物必须是黑色的。珍珠是唯一在冠婚丧祭时，日间、夜间都可以佩戴的装饰品。

在设计丧礼服时，如果面料采用薄纱、雪纺一类的透明料子，应注意一定要加衬里，避免露出肌肤。在丧礼上，只有一种透明的东西可以使用，那就是黑色的透明长筒袜子，但袜子的长度一定要过膝盖，避免不经意间露出肌肤。

第二节　礼服的戒律及常备礼服

一、礼服的戒律

穿着礼服不仅要遵循时间、地点、场合等原则，而且不应忽视礼服的戒律。下面根据国际礼仪惯例列举一些常见的问题。

1. 关于"不拘礼节"

国际上常用的请柬都会明确提出对受邀者着装的要求：如果请柬上写"白领"，表示要穿"燕尾服"，系白色领结；如果请柬上写"黑领"，表示要穿"无尾礼服"，系黑色领结；如果请柬上写"普通西装""便服"或"不拘礼节"，则表示可以穿非正式礼服。

2. 关于男性的围巾

在深秋、初冬或寒冷的时节，男性出席社交场合时一般都戴围巾。男性围巾正确的绅士戴法是：在大衣里面的领口交叉，外面的大衣扣应该扣紧；进入室内时，大衣和围巾都必须脱下来存放在衣物柜里。男性的围巾被视为防寒物品，与女性的披肩不同，女性的披肩作为衣服的一部分，就像帽子一样，男性在室内必须摘下帽子，而女性则不必。

3. 关于女性的小腿

女性正式礼服是有一定长度的，坐姿正确时一般不会露出小腿。现在很多人喜欢交叉着腿坐（或翘二郎腿），这时注意不要露出小腿。无论穿着正式礼服、半正式礼服还是非正式礼服，都应该搭配长袜子。即使在夏天，也应避免穿流行短袜或运动袜子。

4. 关于手表

手表对男性来说是必需品，在某些礼仪场合注意一定不能太引人注目。因为男性正式礼服在手腕部位有装饰纽扣，这种装饰纽扣的材质都是非常华丽或昂贵的，如金、银、玛瑙、珍珠、宝石等，在这种局部装饰的地方，如在手腕处生硬地露出手表是不协调的。一般来说，配合男性正式礼服的计时器通常选用怀表，怀表的金链也可以达到很好的装饰效果。但无论是手表还是怀表，在礼仪场合应避免经常将其露出来查看时间，因为那样会不经意透露出"早点结束""准备回去"的意思，这对主办方来说有些失礼。

5. 关于长裙的长度

女性午后礼服或晚礼服的裙摆都很长，但一定要保持合适的长度，如果太长，会影响走路，或因担心踩着裙摆故作"矜持"而显得有失优雅。又美丽又便于行走的裙子最适当的长度是站在镜子前可以看到自己的鞋尖，裙子的前裾离地面3cm，裙子的后裾刚好盖住鞋跟。（图1.72）

6. 关于女性的披肩

女性穿露肩、露臂、露胸、露背的晚礼服参加礼仪时，一定要把裸露的部分遮盖起来，而可以搭配的通常有外套、斗篷、长披肩等（图1.73）。长披肩通常被视为晚礼服的一部分，具有飘逸优雅的魅力，进入会场时可以不必像男士的围巾和帽子那样脱下来存放在衣物柜。

7. 关于手套和手袋

在英国维多利亚时代，手套就是时髦绅士的必备物品。在各种礼仪中，一般要求只要是中产阶级出身，身处有外人在场的场合，无论男女都要佩戴手套。手套应该在拿餐具时脱下，喝鸡尾酒时可以单手脱手套，脱下的手套可以放在手袋里、椅子背后或膝盖上面。如图1.74、图1.75所示为约翰·加利亚诺设计的礼服作品，都搭配有长手套。

图1.72 2005年春夏山本耀司（Yohji Yamamoto）设计的礼服作品

图1.73 2007 年的披肩礼服

图1.74 2011 年春夏约翰·加利亚诺设计的高级定制礼服

图1.75 约翰·加利亚诺设计的高级定制礼服

　　手袋是搭配正式礼服的重要装饰品之一，风格和品质统一和谐的手袋不仅能为晚礼服增色，而且是持有者品位的表现。但一定要记住，无论礼仪采取什么样的形式，任何款式的手袋都不能放在餐桌上，可以把它挂在手架袋上，或挂在餐桌底下，或放在椅子背后。

8. 关于补口红

在正式的宴会上，女性一定要化妆出席，这是一种礼仪，即使平时不化妆的女性，正式赴宴时都应该化妆，因为盛装赴会是对主人的尊重。女性虽然不能在席前化妆，但补口红却是个例外；相反，餐事后，坐在席桌前补口红，也是一种礼仪的表现。

英国王室传记作家萨利·比德尔·史密斯在《伊丽莎白女王：王座之后的女人》一书中，就披露了英国女王手提包中的秘密。书中写道，英国女王在白天出席活动时，通常会使用劳纳（Launer）手提包，晚上则会使用体积较小的晚装包。一般女性手提包里少不了的物品，英国女王的手提包里一样都有，那就是口红和小化妆镜，方便进餐时补妆。书中还写道："美国前第一夫人劳拉·布什在华盛顿'夫人餐会'上拿出口红当众补妆，并告诉其他夫人'英国女王告诉我可以这么做'。"

9. 关于燕尾服

燕尾服一般在下午6点以后穿着，所以也称为"6时后服装"。因此，在下午6点以前的所有礼仪场合都要避免穿着，即使是婚礼上的新郎，也不能在日间穿着燕尾服。

10. 关于帽子

穿晚礼服一般不戴帽子，就是新娘也不例外。但在户外举行的派对戴上帽子，既漂亮、优雅，又很实用。在傍晚室内灯光下，要避免戴帽子，而应该选用闪光的首饰、头饰等。如图1.76所示为英国帽子大师斯黛芬·琼斯（Stephen Jones）作品，其设计的帽子充满了强烈的现代感，无论是材料的选择还是设计构思都异常大胆前卫，在做工上更是讲求精雕细琢、精益求精。

图1.76　斯黛芬·琼斯设计的帽子作品

11. 关于闪光的装饰品

穿着日间正式礼服有一个规律：无论采用什么面料或装饰品，都以不闪光为上策，这和晚间正式礼服要尽量使用闪光物品的规律完全不同。如果日间正式礼服在设计上使用绸缎等闪光的面料，应尽量局部使用，整体效果也应尽量避免强烈的光泽。

日间正式礼服因为是密实装，衣料多使用纯色的，所以需要添加适当的首饰等装饰品，而最适合的是珍珠饰品。一定要记住，穿着礼服夜晚宜华丽，但白天不宜妖艳。近些年，流行闪光的装饰品，白天的衣服也装饰各种闪光的配件和材料，这是时尚的魅力，无法限制，但在礼服这个范畴还是不宜提倡的。如图 1.77 所示为蒂芙尼（Tiffany）手镯，是 1878 年万国博览会金奖作品。如图 1.78 所示为英国女王伊丽莎白二世私人珠宝收藏品。英国女王伊丽莎白二世无论在什么场合，总是戴着珍珠项链，珍珠项链是她最喜欢的珠宝。

图 1.77　蒂芙尼手镯

图 1.78　英国女王伊丽莎白二世私人珠宝收藏品

12. 关于鞋子

金色或银色的闪光鞋子搭配白天的正式礼服是有失礼仪的，而最标准的搭配是用布、仿鹿皮、小山羊皮、小牛皮制作的无带高跟鞋。其中，最上乘的搭配是与衣裙共布料制作的鞋子。

13. 关于晚礼服的装饰品

因为穿晚礼服会裸露肌肤，所以需要佩戴装饰品。搭配晚礼服的装饰品要选用能与灯光相互辉映的华丽的材料，通常有钻石、绿宝石、红宝石、蓝宝石、翡翠、金绿石、珍珠、猫眼石、蛋白石、黄玉、水晶等。在众多装饰品中，最受瞩目的是项链，其次要数耳环、手链或胸针。但是，佩戴装饰品时要分清主次，巧妙搭配，以一件装饰品为主时，其他的装饰品一定要弱化。（图 1.79～图 1.82）

图 1.79　2012 年水晶和金属装饰品

图 1.80　2012 年项链装饰品

图 1.81　宝石装饰品

图 1.82　闪光的首饰搭配晚礼服使用

14. 关于金、银两色的搭配

金、银两色是晚间正式礼服最正式的搭配颜色，但这两个色最好分别单独使用，否则会出现不协调的效果。例如，金色的手提袋搭配银色的鞋子就会不协调，晚间提倡使用闪光的饰物或配件，但不能使用过度，一定要确定一个色彩使用重点。如图 1.83 所示为 20 世纪 60 年代伊夫·圣·洛朗（Yves Saint Laurent）设计的金色晚礼服，通过华美的金色面料和优雅的设计，传递出那个年代的"土豪金"风潮，却丝毫不觉俗气。如图 1.84 所示为桑德拉·罗德斯（Zandra Rhodes）设计的金色礼服，她是位离经叛道的时装先驱，擅长运用明亮的色调表现朋克风格。如图 1.85 所示为 2010 年春夏拉夫·劳伦（Ralph Lauren）作品，闪耀的银色丝绸礼服展现了女性的性感与优雅。

图 1.83　20 世纪 60 年代伊夫·圣·洛朗设计的金色晚礼服

图 1.84　桑德拉·罗德斯设计的金色礼服

图 1.85　2010 年春夏拉夫·劳伦银色礼服

15. 关于"新娘"的色彩

用象征纯洁的白色衣裙裹住身体，用白色的面纱、头巾或帽子遮住头发，戴白色的手套，这是基督教婚礼规定的新娘装扮。不但新娘外面的衣裙、面纱、头巾，包括里面所穿的胸罩、衬裙、衬裤、袜子等，都是白色的。除了一点蓝色的东西，新娘的一切用品都应该是白色的。（图 1.86）

16. 关于结婚戒指

戴结婚戒指或订婚戒指时，新人必须脱下手套，将戒指戴在手指上，这是因为戒指只有直接接触肌肤才能确定爱的意义。

戒指起源于古代埃及王朝，将戒指戴在左手的无名指上是古埃及人想出来的，他们相信"爱的血管从心脏一直通到左手的无名指上"，而所谓"戒指"就是"珍而重之"的意思。一般在婚礼上交换戒指时，先脱下手套，戴上戒指后再戴回手套。

17. 关于男性手套

男性手套在各种仪式上非常重要，与帽子一样，在室内要脱下来，侍候女性的一只手要保持空闲，用另一只手拿手套。但在婚礼或婚宴等场合，新郎是不戴手套的。

以上是一些基本的穿着礼服时的戒律，如果不重视这些小问题，在正式场合一定会失礼。

图 1.86 新娘结婚礼服

二、日常必备的礼服

日常必备的礼服汇总见表 1-1。

表 1-1 日常必备的礼服汇总

	日间礼服	日夜通用	夜间礼服	丧礼服
女性	上午礼服、午后礼服、曳地午后礼服	搭配装	夜礼服、晚宴服、鸡尾酒礼服	黑色午后礼服、套装、深色午后礼服
男性	上午礼服（晨礼服）、社交礼服（无尾礼服）、董事套装、黑礼服	黑色套装、搭配装	燕尾服、黑礼服、深色礼服、无尾礼服、普通西装	上午礼服（去小装饰）、深色礼服（加黑色装饰）
场合	郑重的结婚仪式、婚宴、订婚、聘礼、仪式、授功勋仪式、庆典颁奖会、答谢会、开学典礼、白天的派对等	家庭派对、歌剧院、结婚纪念、周年内部庆典等	傍晚的鸡尾酒会、傍晚开始的婚宴、生日派对等	丧礼、告别仪式、守灵、法事、周年纪等

[思考与实践]

1. 熟练掌握礼服的种类。

2. 熟练掌握礼服的国际通用规则和使用戒律。

第二章
礼服制作工艺

【本章要点】

1. 熟悉面料边缘常用处理工艺。

2. 了解紧身胸衣与裙撑的历史发展与演变。

3. 掌握基本款式紧身胸衣与裙撑的制作工艺等内容。

【本章引言】

在礼服的制作环节中，面料、造型、工艺等每一项要素都必不可少。研究礼服的制作方法，对礼服设计具有重要的实践意义。

本章主要对礼服制作的相关工艺，如面料边缘常用处理工艺，尤其是紧身胸衣、裙撑的制作等，进行重点介绍。

第一节　面料边缘常用处理工艺

一、缝份的处理

在礼服制作过程中，经常遇到的难题就是一些边缘位置缝份的处理，特别是遇到比较薄或透明的面料时，处理好缝份尤为重要。对于透明度好的面料，为了使其外表美观，缝份宽度要小。缝合方法有多种，可以根据材质及其透明度选择不同的缝合方法。下面介绍几种比较常用的缝份处理方法。

1. 来去缝

来去缝适用于缝制透明度好的布料或容易脱散的布料，可以将服装缝制得既漂亮又结实，使缝份不露毛边。为了把来去缝做好，第一道缝线应与净缝线距离 0.5～0.6cm，在布料的正面缝制；第二道缝线沿净缝线在布料的反面缝制。来去缝正反面及中间效果如图 2.1 所示。

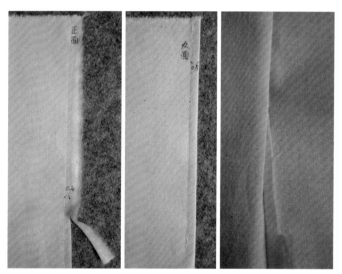

图 2.1　来去缝正反面及中间效果

2. 包缝

对于用来去缝较难处理的面料，可采用包缝的方法。包缝是适用于曲线部位处理的方法，可以使缝制线迹获得细腻感，使缝份不露毛边。采用包缝时，一片缝份长 1.2～1.5cm，另一片缝份长 0.4～0.5cm，第一道缝线在布料反面沿净缝线缝制，把缝份多的一侧折边后沿着缉缝线迹偷针缝，偷针缝时注意避免布的正面露出线迹。包缝缝制方法及正面效果如图 2.2 所示。

图 2.2　包缝缝制方法及正面效果

3. 锁边

锁边是适用于不太透明的布料和印花布料的缝纫方法。采用锁边时，先在净缝线上缉缝，将缝份修剪成 0.5～0.7cm 宽，然后将两层合在一起锁边。

二、裁边的处理

1. 三层等边折边偷针缝

三层等边折边偷针缝适用于透明布料的下摆和袖口的处理。为了使从正面透视的折边层数相同、宽窄一致，折边取其缝制折合宽度的 2 倍。宽度在下摆处取其折边为 0.7～1.3cm，折边后偷针缝的针距为 0.5～0.8cm。三层等边折边偷针缝效果如图 2.3 所示。

2. 捻边偷针缝

捻边偷针缝是将布边做得很窄，需要表现柔软感时使用的方法，可显出布料的柔软感。进行捻边偷针缝时，先在布边上缉缝一条线，缝份修成 0.1cm，然后将该线作为衬芯捻边，在布料反面再进行偷针缝。对于容易透出芯线的布料，宜选用透明线或用从布料上抽取的纱线。如果将波浪边的边做成较宽的卷边，波浪边就会变得僵硬，飘逸感就会变差，这时有必要调整线材和捻边的宽度。捻边偷针缝效果如图 2.4 所示。

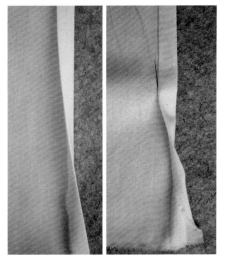
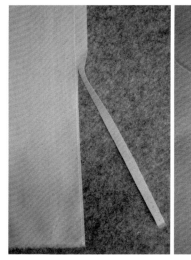
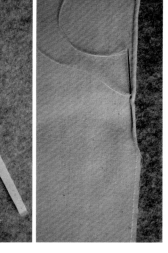

图 2.3　三层等边折边偷针缝效果　　　　图 2.4　捻边偷针缝效果

3. 三层折边缉缝

三层折边缉缝是在对波浪边等进行细微的缩紧处理时使用的方法，虽然缝纫针迹会露在外边，但能得到适当的挺括度和干净利落的缝边效果。进行三层折边缉缝时，在布料反面距第一层折线 0.1～0.15cm 处缝制第一条线，将缉缝后的边缘裁掉，再次折叠后熨烫整理；从布料正面距折边 0.1～0.15cm 处缝制第二条线完成。如果不想使缝纫针迹露在外边，可不做第二条缉缝线而改用手针偷缝。三层折边缉缝效果如图 2.5 所示。

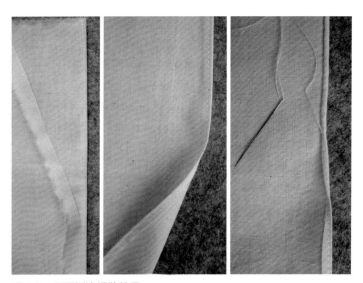

图 2.5　三层折边缉缝效果

4. 加密卷边锁缝

加密卷边锁缝是用包缝机细密地锁缝裁边的方法。使用包缝机加工裁边，可获得厚度感和挺阔的效果。如果使用与布料相搭配的有色线锁缝，则在设计时更加灵活多变。

5. 绲边

绲边是另用一斜丝布包裹布边的处理方法。对于弯曲的部位，先做整理，再进行绲边。尤其是薄质地的面料，如果把斜丝布折成两折后再偷针缝，则可以得到不易绽开的理想效果，但在弯曲处难以将缝份宽度加工得均匀一致。

进行绲边时，先将斜丝布与面料边缘在反面缉缝，再将斜丝布折成绲边宽度后，从正面做漏落缝固定，如果要使正面不露任何针迹，也可以在反面偷针缝固定。绲边效果如图 2.6 所示。

双层斜丝布的绲边方法与以上方法相同。

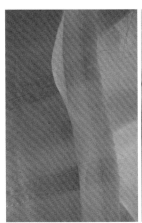

图 2.6　绲边效果

第二节　紧身胸衣的知识和制作

一、紧身胸衣的历史

早在古希腊、古罗马时期，妇女就用麻布、羊毛或皮革做成紧身胸衣来展示美的体态。不过，直至中世纪出现的紧身厚质背心，才被视为对欧洲女性服装格局产生重大影响的紧身胸衣的雏形。到了 16 世纪，紧身胸衣具有完备的形制，成为一种塑造女性胸腰部位立体造型的独立部件。与强调丰臀的裙子越发膨大相对应，女性的腰身也被紧身胸衣勒得越来越细，甚至出现了铁制胸衣。这种胸衣的特征是用两片以上的亚麻布纳在一起，中间常加薄衬，比较厚硬，为保持形状和达到强制性束腰的效果，在前、侧、后的主要部位都纵向嵌入鲸须，前部中央下面的尖端用硬木或金属制成，也有的前下端呈棒状突出来。紧身胸衣的开口在后部或前部的中央，用细带系紧。如图 2.7、图 2.8 所示分别为 17 世纪、18 世纪的紧身胸衣。

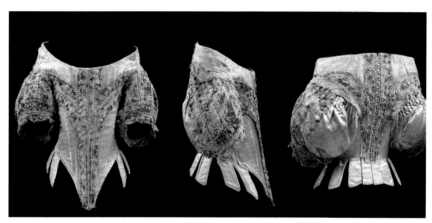

图 2.7　17 世纪带花边的绸缎胸衣

图 2.8　18 世纪的紧身胸衣

法国大革命爆发以后，人们开始追求希腊式的自由民主精神。在后来的帝政时期，由于拿破仑对古罗马的崇拜，人们穿着延续了新古典主义的风格，女性短暂地摆脱了紧身胸衣的束缚。一直到1810—1811年，随着拿破仑宫廷对华丽样式的推崇和对内衣的重视，紧身胸衣又悄然兴起。这时的紧身胸衣与以往的紧身胸衣不同，不再嵌入很多鲸须，而是将数层斜纹棉布用很密的线迹缉合在一起，或用涂胶的硬亚麻做成长及臀部的新型紧身胸衣。如图2.9、图2.10所示为19世纪的紧身胸衣。

20世纪初期著名的时装设计大师保罗·波依莱特（参见第四章介绍）取下了箍塑在女性身上近四百年的紧身胸衣，彻底改变了女性的形体，以及人们对

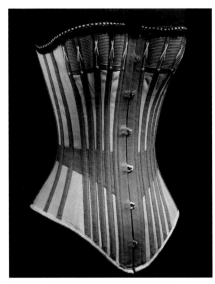

图2.9　19世纪90年代的紧身胸衣

于女性形体的欣赏眼光，将女性从紧身胸衣里解放出来，奠定了欧洲现代服装的基调。于是，一种以胸罩来强调基本形体的服装被设计出来，如图2.11、图2.12所示。

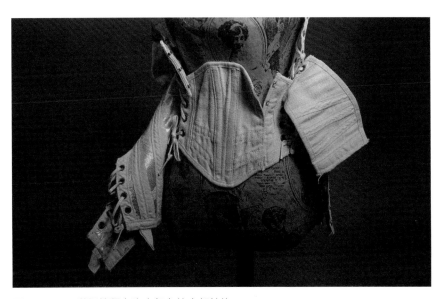

图2.10　19世纪的紧身胸衣复杂的内部结构

图 2.11 从 19 世纪初紧身胸衣演变出的现代胸罩

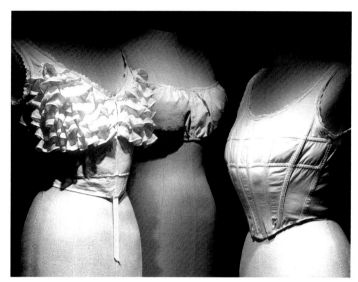

图 2.12 20 世纪初美国紧身胸衣及胸罩

　　到了 20 世纪 30 年代，女性内衣的结构与今天已无太大差别，虽然卖场货架上仍然陈列着连身衬裙、半身衬裙、束腰、吊袜带、紧身胸衣和连体式内衣，如图 2.13、图 2.14 所示，但胸罩和内裤的单纯组合已成为主流。如图 2.15 所示的 1952 年晚礼服的紧身胸衣及打底裙，那时女性想要拥有纤细腰身的沙漏状体型，一件具备塑身功能的打底内衣必不可少。

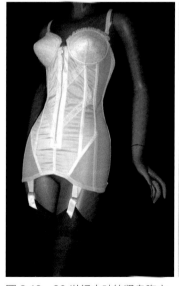

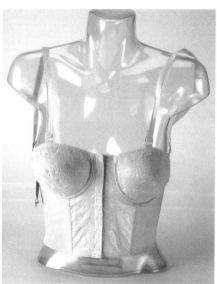

图 2.13 20 世纪中叶的紧身胸衣

图 2.14 19 世纪至 21 世纪初各式紧身胸衣

如今的紧身胸衣也是为调整形体、体现优美曲线而穿着的内衣，目的是更好地表现服装外形。紧身胸衣根据穿着部位的不同可以分成多种形式，包括胸罩、吊袜带式紧身胸衣、紧身连衫裤等。为了支撑衣服的外形，内衣需要精心设计，要求高质量的缝制技术。现在，越来越多的服装设计师以紧身胸衣元素为灵感设计了许多精彩的作品。如图 2.16 所示分别为 1997 年、1999 年纪梵希紧身胸衣元素作品，体现了内衣外穿的设计理念。如图 2.17、图 2.18 所示分别为 2005 年秋冬约翰·加利亚诺（参见第四章介绍）设计的高级定制紧身胸衣系列。如图 2.19 所示为 2011 年亚历山大·麦昆（Alexander

图 2.15 1952 年晚礼服的紧身胸衣及打底裙

图 2.16　1997 年、1999 年
纪梵希紧身胸衣元素作品

图 2.17　2005 年秋冬约
翰·加利亚诺设计的高级
定制紧身胸衣系列

图 2.18 2005 年秋冬约翰·加利亚诺设计的高级定制紧身胸衣局部

图 2.19 2011 年莎拉·伯顿设计的一款白色落地连衣裙

McQueen）设计师莎拉·伯顿（Sarah Burton）设计的一款酷炫、图案鲜明的白色落地连衣裙，搭配刺绣紧身胸衣和花朵褶边裙，尽显女性的优雅与高贵。

二、紧身胸衣的面料

紧身胸衣一般是在露肩礼服里面穿着的内衣，所以材料一般使用吸湿性好、耐牢度强、肌肤触感良好的布料，以及质地较为挺实的材料，还应与面料同色系或为白色。一般选用平纹或单面绒布，或做大衣用的较厚的里料等较好。如果使用棉质材料，需要缩水并熨烫。对于那些简洁轻快的礼服而言，紧身胸衣的用料宜选用平纹布、罗缎及与服装质地相同的布料等。对于需要支撑且具有一定重量的礼服而言，宜选用单面棉法兰绒、真丝塔夫绸、罗缎、薄劳动布等。

三、紧身胸衣的支撑材料及固定方法

紧身胸衣的支撑材料有鲸骨、鱼骨、钢丝、铁丝、藤条等，不同材料的宽度与长度可以自由截取（图 2.20）。目前，可以缝纫的鱼骨材料最常用，使用前用低温熨斗矫正，使其适合形体后再使用。支撑材料除了用于贴身胸衣，还可以用于裙子的下摆等。

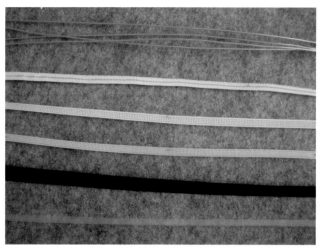

图 2.20　不同种类的支撑材料

　　支撑材料的固定方法较多，有将支撑材料直接用缝纫机固定的方法，也有从缝份与斜纱布带之间穿入的方法，还有用斜纱布袋包住支撑材料，在缝份上用手针缝固定的方法（图 2.21）。

　　选择不同的支撑材料的固定方法，对缝制后的轮廓有很大影响，所以要慎重选择。如果直接与皮肤接触，支撑材料最好从缝纫固定的布带中穿过，或者从布边的间隙中穿过。

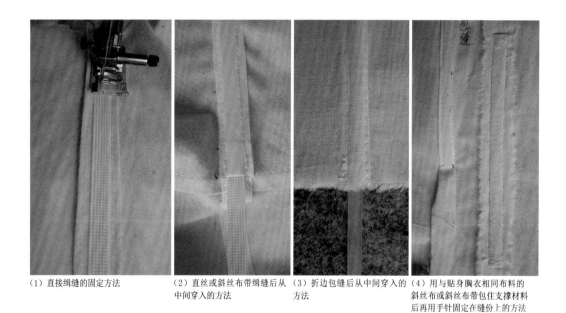

（1）直接缲缝的固定方法　　（2）直丝或斜丝布带缲缝后从　　（3）折边包缝后从中间穿入的　　（4）用与贴身胸衣相同布料的
　　　　　　　　　　　　　　　　　　中间穿入的方法　　　　　　　　　方法　　　　　　　　　　　　　斜丝布或斜丝布带包住支撑材料
　　后再用手针固定在缝份上的方法

图 2.21　支撑材料的固定方法

四、紧身胸衣的常用款式

1. 长度至臀围线的紧身胸衣

长度至臀围线的紧身胸衣可以调整从胸到腰的上身部分的体型，是一款能够塑造出流线形或美人鱼形体型轮廓的内衣。这款紧身胸衣在公主线中包含有省道，容易合身；其开口根据礼服的设计而定，使用长过臀围线的拉链。

2. 长度至腰围线的紧身胸衣

如果是带有裙撑的礼服，选用这款长度至腰围线的紧身胸衣即可，容易制作。这款紧身胸衣的长度到腰围线以下 2cm，拉链使用长过臀围线的；如果使用开尾式拉链，还可以当作无吊带胸衣穿用。

这款紧身胸衣的内衬腰带用里子把腰衬包住后缝制，或者把罗缎丝带叠成两层后用缝纫机缝制，并在腰围线位置的缝份处用线襻固定，两端钉上挂钩。

3. 罩杯形紧身胸衣

紧身胸衣也可以设计成罩杯形状，以强调胸部的贴身衣。这款紧身胸衣的后身部分与前面两种款式相同，但前身需要测量从腰围线到乳下围线的高度。罩杯的宽度及厚度有必要根据乳房的大小进行加减，尤其是将罩杯的侧面用辅助省固定，可使乳房收紧。也有的设计师采用在罩杯上使用支撑材料的方法，但如果罩杯使用支撑材料的长度不合适，则可以使用聚酯衬。

五、紧身胸衣的制作

礼服作为女装中较为高档的一类服装，常常出现在音乐会、舞会、歌剧院、时尚派对等场合，人们第一眼看到的往往是礼服的外部造型，而忽视了支撑礼服本身的内部基础——紧身胸衣。紧身胸衣的造型是决定礼服外观的关键因素。为衬托服装的外形美，紧身胸衣的造型设计也很重要，其形态、材料、颜色等均会影响礼服的穿着效果。紧身胸衣和裙撑作为支撑礼服的内衣，有多种款式及其缝制方法。

下面以长度至臀围线、长度至腰围线的两款紧身胸衣为例讲解紧身胸衣的基本制作步骤。

1. 长度至臀围线紧身胸衣的制作

（1）人台标线

首先，标注基础线和设计线。紧身胸衣上边缘的造型线因设计不同而有所区别，一般前身在乳房上方、后身在肩胛骨下方的设计比较受欢迎。另外，从礼服的正面不应露出紧身胸衣的上边缘线，所以紧身胸衣的上边缘线要比礼服的上边缘线低 1cm。

人台标线是立裁时的基准线，白坯布的丝缕线只有与这些标线相吻合，才能保证立裁的准确性。另外，人台标线也作为纸样展开时的基准线。标线的位置根据设计、外形轮廓不同而有所不同。在立裁紧身胸衣之前，要先将基础线标好，包括前中心线、后中心线、胸围线、腰围线、臀围线、肩线、侧缝线、领围线、袖窿线，再根据紧身胸衣结构需要追加前公主线、后公主线、前侧面线、后侧面线。（图 2.22）

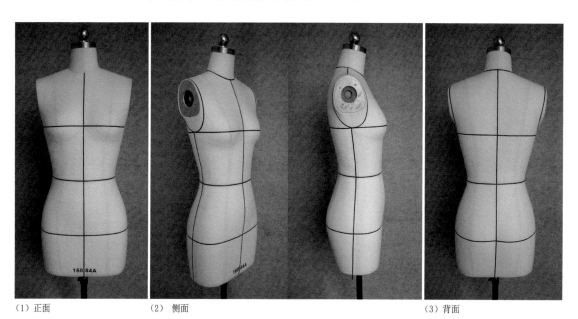

（1）正面   （2）侧面   （3）背面

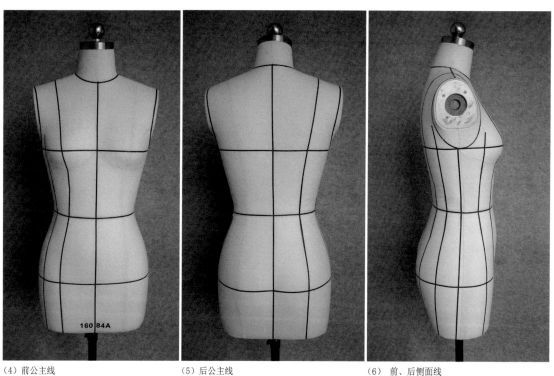

（4）前公主线   （5）后公主线   （6）前、后侧面线

图 2.22 人台标线

其次，对人台进行补正。根据着装者的胸围尺寸和设计要求决定是否加胸垫，如果需要加胸垫，则有些胸垫需要进行调整。

为了使胸型更加美观，可以对胸垫进行调整。首先，在靠近胸垫下侧的位置收一个宽2cm左右、长距胸高点1.5cm左右的省；其次，剪掉多余的量后用手针撩缝固定，然后用与紧身胸衣相同的面料把胸垫包好，用立裁打板，制作时注意胸垫左右对称。（图2.23）

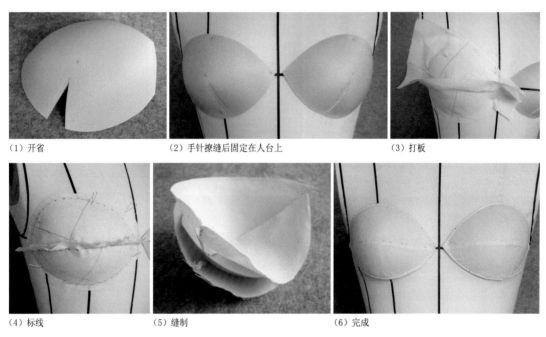

（1）开省　　　　　　　　（2）手针撩缝后固定在人台上　　　　　　　（3）打板

（4）标线　　　　　　　　（5）缝制　　　　　　　　（6）完成

图2.23　胸垫的调整过程

在人台上固定好胸垫，注意胸垫的两个BP点（也叫胸点、乳点，是英文bustpoint的缩写）之间保持在17cm左右，之后根据紧身胸衣的结构设计追加一些标线，如裁片结构线、胸上围结构线（图2.24）。紧身胸衣的裁剪应使下摆线的布纹为经纱方向。下摆应使用布边，这样可以使做完之后的下摆显得薄些。准备坯布时，按照需要决定纱向即可。

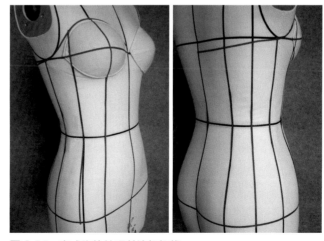

图2.24　完成胸垫处理并追加标线

（2）打板和纸样

打板过程如图 2.25 所示。样板修板后再画纸样，如图 2.26 所示。

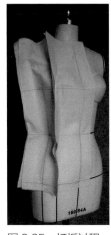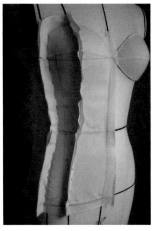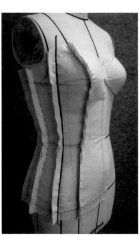

图 2.25 打板过程

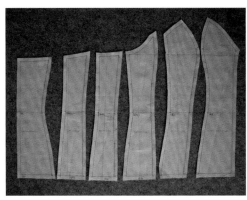

图 2.26 样板修板后再画纸样

（3）裁剪、假缝和试穿修正

裁片按照纸样裁好后，需要在胸上围一周熨烫牵条，以免在假缝、修正时胸上围布料拉伸变形。为了使胸衣造型更加严谨，在假缝之前需要把衣片别在人台上检查是否合体，之后进行假缝。（图 2.27、图 2.28）

为了使紧身胸衣紧紧地与身体贴合在一起且便于调整，假缝试穿时，需要将公主线、侧缝线、省道线的缝份放在外侧。然后，将假缝好的贴身胸衣穿在人台上进行修正，正式做好贴身胸衣后，可以进行礼服的打板制作。

有的裸露肩背礼服的紧身胸衣制作成型后，固定在礼服里面，也有的将紧身胸衣裁好之后与礼服的面料覆在一起，然后一起制作。礼服的打板用棉坯布假缝，需要试穿修正，调整后确定纸样，然后正式裁剪礼服面料，实物假缝，试穿修正后正式缝制。

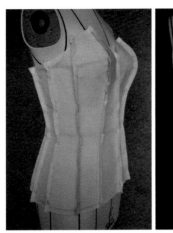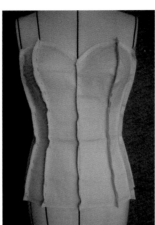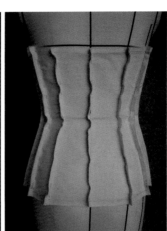

图 2.27 假缝前的修正

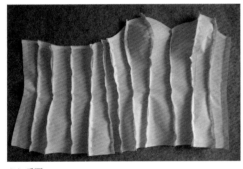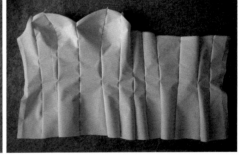

（1）反面 　　　　　　　　　　　　　　　　（2）正面

图 2.28 假缝

在具体制作时，应注意以下要点。

① 处理缝份。将各衣片缝合之后，劈开缝份用熨斗压烫。在腰部，为了使缝份不出现牵吊现象，可将缝份剪得窄一些，然后用包缝机锁边或绲边，应根据具体材料选择适当的处理方法。对于不易脱丝的布料，也可以保持修剪之后的缝份，不再进行其他处理。

② 将公主线、侧缝线等缝合，并且装上支撑材料。在紧身胸衣内插入支撑材料，是为了使裸露肩背的礼服形态稳定。在缝份的反面需要缝上 1.2cm 宽的斜纱布带，其间可插入支撑材料，长度从布带上端到腰围线以下 5～7cm。在布带的两边及下端要缝制在紧身胸衣相应的缝份上，上端要留出穿入支撑材料的开口。一般用斜纱布带缝制贴身胸衣上边缘，这是最简单的处理方法，如果选择较硬质的布带更好。（图 2.29、图 2.30）

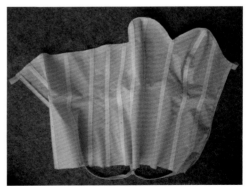

图 2.29 缝制布带、绱拉链

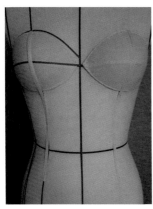  

（1）穿入前根据人台矫正支撑材料　　（2）穿入支撑材料后胸上围进行绲边处理　　　　　　（3）完成

图 2.30　支撑材料的穿入方法

③ 紧身胸衣的开口要根据礼服的开口设计位置，在紧身胸衣的开口处缉拉链。注意，拉链要超过臀围线的位置。

（4）加内衬腰带

为了固定腰部，还要在内侧做一圈内衬腰带（图 2.31）。做内衬腰带需要用专用的裙腰衬带制作，或用里料包裹带子，或用罗缎带折成双层缝制。内衬腰带的长度为腰围长度加上叠门量，可安装挂钩。将内衬腰带的前后中心、左右侧与紧身胸衣逐一对准之后，在胸衣腰围线的缝份处用线襻固定。

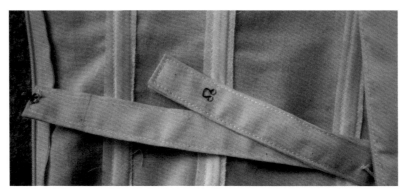

图 2.31　内衬腰带

2. 长度至腰围线紧身胸衣的制作

长度至腰围线紧身胸衣的制作与长度至臀围线紧身胸衣的制作相同，不再赘述，其基本步骤如图 2.32 所示。

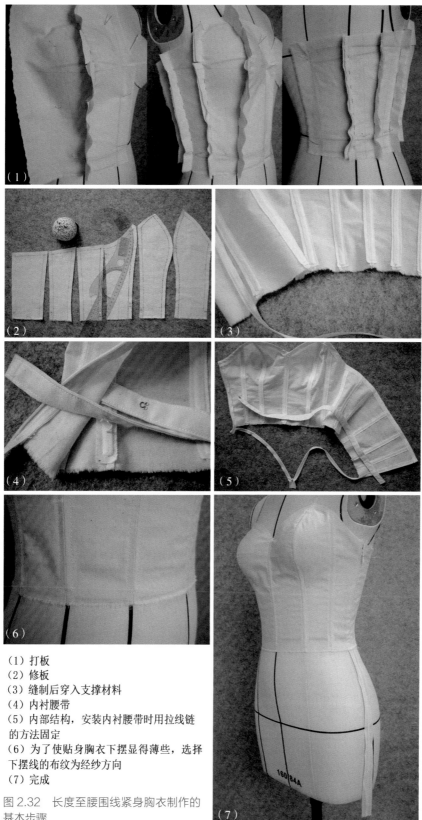

（1）打板
（2）修板
（3）缝制后穿入支撑材料
（4）内衬腰带
（5）内部结构，安装内衬腰带时用拉线链的方法固定
（6）为了使贴身胸衣下摆显得薄些，选择下摆线的布纹为经纱方向
（7）完成

图 2.32　长度至腰围线紧身胸衣制作的基本步骤

六、紧身胸衣的缝制方法

紧身胸衣的缝制方法有多种，可以根据礼服设计的要求选择适当的缝制方法。

（1）为了固定悬垂状褶皱或多个褶皱的礼服，将紧身胸衣放在外层礼服与里布之间一起缝制。

（2）先单独缝制，再连接到服装上，主要是为了更好地配合袒露肩部的礼服而另行缝制，用偷针缝和线襻固定紧身胸衣。这种方法可以将裙子卸下来洗涤，还可以把上缘设计线做成与身体有一定距离的样式。

（3）可以在紧身胸衣上加上裙撑，做成一体的款式。

（4）紧身胸衣与服装分开缝制，分开穿着。

高级定制礼服紧身胸衣的缝制要求极其严谨细致，从图 2.33～图 2.36 所示的图例中可以看到高级定制礼服的内部结构。

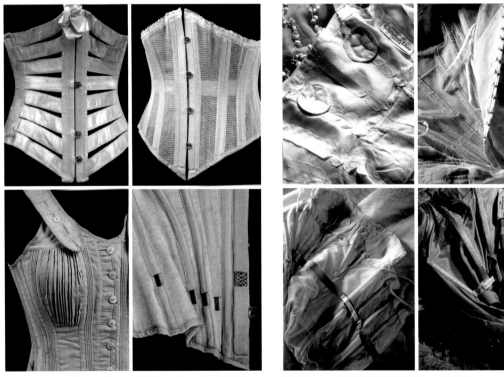

图 2.33　19 世纪末至 20 世纪初的紧身胸衣的细节　　图 2.34　迪奥高级定制礼服的内部细节

图 2.35 1889 年午后礼服的内部结构

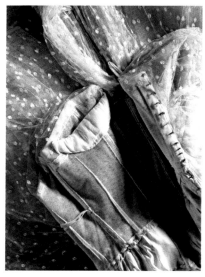

图 2.36 1957 年比利时高级定制礼服的内部结构

第三节 裙撑的知识和制作

一、裙撑的历史

从 16 世纪西班牙人发明了裙撑法勤盖尔（Farthingale）开始，裙撑在身份地位高贵的女性中一直风靡到 19 世纪末，束缚了欧洲女性身体近 400 年之久。当然，在如今的某些隆重场合中，裙撑仍然不时出场，如新娘穿上婚纱的时候。下面详细介绍裙撑的几种主要样式。

1. 西班牙式裙撑

在 1550—1620 年的西班牙风时代，女性服装中西班牙式吊钟形裙撑法勤盖尔的发明和使用，使服装下半身膨大定型。人们用一圈比一圈大的鲸须或金属丝缝在厚质的亚麻布衬裙上，从下摆到腰部收缩成圆锥形，然后在外面罩上裙子。这种裙撑在 16 世纪后期风靡了整个欧洲。如图 2.37 所示为西班牙国王的两个女儿，她们穿的是豪华的西班牙宫廷服装，有一种刻板坚硬感，但这种西班牙式圆锥形裙子上饰有豪华的锦缎旋转纹样。

2. 法国式裙撑

法国式裙撑是像轮子一样的环形填充物，围绕在腰以下的臀腹部，在上面罩上外裙后显得圆满，如图2.38所示。相比西班牙式裙撑和英国式裙撑，法国式裙撑更便于人的活动。

图2.37　西班牙式裙撑　　　　　　　　　　　　　　　　　图2.38　法国式裙撑

3. 英国式裙撑

英国式裙撑与西班牙式裙撑的结构近似，造型上是椭圆筒形，将裙子向左右两边撑开，左右宽，前后扁。罩上外裙后，裙子在腰臀部出现两层，上面一层有很规则的活褶。如图2.39所示为1592年穿着裙子的伊丽莎白一世，里面是庞大的英国式裙撑，外裙布料的颜色和宝石耀眼的光芒完美结合。

4. 帕尼埃样式裙撑

18世纪洛可可时期的女性服装使用的裙撑帕尼埃（Pannier）与16世纪的法勤盖尔一样，用鲸须、金属丝、藤条或较轻的木料和亚麻布等制作。帕尼埃样式裙撑的吊钟形渐变为椭圆形，前后扁平，左右宽大。女性穿着衬有这种裙撑的裙子，落座和进门都很困难，为此一些贵妇家的座椅和门框都是特制或加宽的。尽管穿着这种裙子不方便，但当时的女性都争相竞穿，并以没有裙撑为耻。如图2.40所示为18世纪中期以后的紧身胸衣和帕尼埃裙撑，裙撑的作用是加大臀部的宽度，使前后保持扁平造型。

图 2.39 英国式裙撑

图 2.40 18 世纪中期以后的紧身胸衣和帕尼埃裙撑

5. 克里诺林样式裙撑

在 19 世纪新洛可可时代,女装出现了极端膨大的裙撑克里诺林(Crinoline),它是用鲸须、鸟羽的茎骨、细铁丝或藤条做骨架,用带子连接成鸟笼状。克里诺林样式裙撑由过去的圆屋顶形变成金字塔形,前面局部没有骨架,比较平坦,后面向外扩张较大,质轻而有弹性,更加方便,如图 2.41、图 2.42 所示。

图 2.41 1855 年礼服(由刺绣平纹棉布制作,内穿克里诺林样式裙撑)

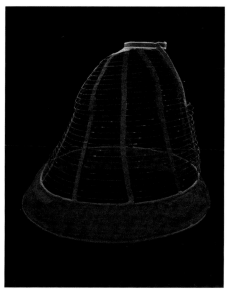

图 2.42 1860 年左右克里诺林样式裙撑

6. 巴斯尔及其他样式裙撑

十七八世纪曾出现过带有臀垫的巴斯尔（Bustle）样式裙撑，复活并流行于 19 世纪七八十年代，因此这个历史时期被称为巴斯尔时代。在那个时代，巴斯尔样式裙撑是女装设计的中心，其视觉重点放在女性背面，强调臀部运动。

19 世纪 70 年代的巴斯尔样式裙撑的特征是材质轻巧和装饰简单，经常使用明亮的颜色，在末期流行鱼尾形的款式，裙子的下摆收紧，有裙拖。

19 世纪 80 年代的巴斯尔样式裙撑采用简单的铁丝制的撑架或坐垫形的臀垫。这是巴斯尔样式裙撑的全盛时期，对臀部的夸张达到极限。除了凸臀的外形特征，它的另一特色是拖裾。在当时的夜礼服和舞会服中，拖裾非常流行，而且紧身胸衣将胸部高高托起，将腹部压平，强调"前挺后翘"的外形特征。（图 2.43～图 2.45）

除了上述裙撑样式，19 世纪也出现了不同的裙撑样式，如图 2.46、图 2.47 所示。

图 2.43　1870 年左右巴斯尔样式裙撑　　图 2.44　1885 年刺绣的平纹棉布礼服（内穿巴斯尔样式裙撑）　　图 2.45　19 世纪中后期的紧身胸衣及巴斯尔样式裙撑

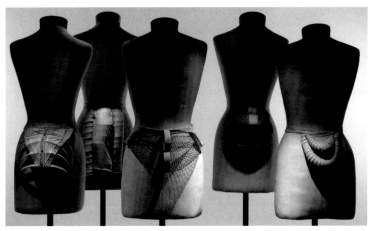

图 2.46　19 世纪七八十年代美国巴斯尔样式裙撑的臀垫

图 2.47　19 世纪末的裙撑

7. 现代裙撑

到了现代，裙撑的样式更加丰富，而且裙撑元素也成为服装设计师创作的时尚元素。（图 2.48、图 2.49）

欧美女性体型高拔，三围突出，肩宽，颈长，臂长，腿长，置身于圆钟形的长裙之中，显得身材窈窕有致。今天，欧美演艺界的女性经常身着高级礼服出席隆重场合，但所穿礼服采用钟形裙样式的相当少见，钟形裙几乎成为过去贵族时代的一个象征符号。

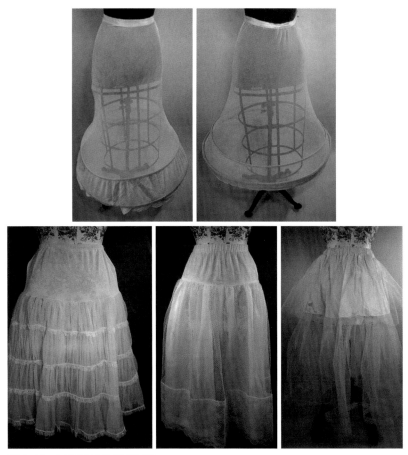

图 2.48　种类繁多的现代裙撑

图 2.49　2005 年巴西时装设计师 Jum Nakao 设计的裙撑元素纸服装系列

现代婚纱礼服的造型，除了通过面料材质、版型、装饰来体现，裙撑的制作与使用也起着决定性的作用。裙撑以支撑裙子的造型为目的，如能随裙子的摆动而轻松、自然地与裙子融为一体最为理想。裙撑的作用是调整裙子的外形，体现腰围的纤细。

不同的裙撑可以使礼服表现出不同的效果，增添女性华贵美丽的气质。如今的婚纱礼服裙撑主要有两类：有骨裙撑与无骨裙撑。它们各有特点，适合不同的婚纱礼服。有骨裙撑的优点是能将裙摆撑得饱满；缺点是如果婚纱面料不够挺括，容易形成裙箍的痕迹，坐下时骨撑会造成不便。无骨裙撑的优点是比较自然，不用担心箍痕，坐下也方便；缺点是如果裙摆面料比较重，就很难撑出效果，而且走路时不方便，容易被裹紧的裙子绊倒，需要配合正步姿势。

二、裙撑材料与造型的选择

裙撑宜选择不缠绕腿部、滑动性好的材料。为了配合裙撑，可使用外套用的厚质地里料，如锦纶衬、锦纶卡其、尼龙网、罗缎等稍有膨胀性的材料为基布制作裙子，注意下摆长不要超过礼服。

为了表现柔软的蓬松感，可以采用蝉翼纱、珠罗纱、尼龙网等材料根据不同的造型做出波浪边，固定在裙子上即可。波浪边使用透明薄纱、锦纶网眼织物、锦纶六角网眼薄纱、真丝蝉翼纱、涤纶蝉翼纱等材料。由于裙子的造型不同，裙撑的形状也有很多种。

裙撑要根据礼服的轮廓确定接缝位置和褶裥分量，而且要避免穿着礼服时裙撑出现晃动，以及在下摆处外露等情况。为了防止裙撑的晃动影响外层礼服穿着的效果，应采用与礼服衬裙一样的样式，在裙撑上面再罩上一两层裙撑罩。裙撑罩可使用锦纶塔夫绸或涤纶透明薄纱制作。

由于裙撑是塑造礼服外形的基础，因此裙撑的样式一般在充分地考虑礼服的造型之后才能决定。裙撑的样式不同，基本结构也就不同，如塔型裙撑由基衬（第一层）、波浪边（第二层）和裙撑外罩（第三层）组合而成，各部分分别制作之后，重叠在一起绱腰头。一般裙撑的长度要比礼服的长度短8～10cm；为了与礼服的外形轮廓保持一致，还需要考虑波浪边的长度和缩褶量，在连接处要仔细缝合。波浪边的前中心位置可以稍微做高一些，经侧缝到后中心逐步降低，这是为了矫正腰部的张力。覆盖在上面的裙撑外罩可采用礼服裙的纸样，但长度缩短5cm。

三、裙撑的制作

裙撑的造型需要根据礼服的造型来设计。下面以常见的波浪型裙撑为例讲解制作裙撑时的注意事项。

波浪型裙撑基本上是腰部无省，从腰到下摆呈波浪状的松弛下摆的裙撑。它可根据波浪量的变化来表现各种各样的造型，最好采用能使波浪均等的面料（经纱与纬纱弹力平衡性好的布）。裙摆越大，就越要求最大限度地使用布料的幅宽。

准备人台时，在人台腰围处做下摆的波浪点。这里讲解的款式共4处波浪点，前面2个，后面2个。

1. 基衬裙的打板与缝制

（1）打剪口

前裙片的中心线与人台中心线相吻合，臀围线保持水平，在前裙片靠近第一个波浪点位置垂直打上剪口。

（2）确定前裙片波浪量

用一只手将坯布向左下移动，另一只手整理布，确定下摆波浪量。波浪量的大小由所设计的礼服外轮廓造型决定。

在前裙片靠近侧缝线的第二个波浪点处打上剪口，用同样的方法做出裙摆的波浪。为了防止在最初操作时下摆波浪的移动，应在臀围线位置处用大头针固定一下。检查两边下摆是否平衡，整理腰部的缝份。

（3）确定后裙片波浪量

后裙片的制作方法与前面打板方法一样，特别是臀部突出的地方，下摆量会增大，应注意前、后波浪量的平衡。后裙片拖摆按照礼服设计的拖摆样式来定，按照需要的尺寸弧度留出余量。

（4）修正并固定前、后裙片

从各个角度观察、修正，并用重叠针法沿着人台侧缝线将后裙片固定在前裙片上。

（5）确定裙长及下摆

确定裙片波浪平衡，并在侧缝位置贴好标志线。确定裙长，下摆线用大头针做标记。因为有波浪的结构要素在内，所以应以地面为基准来确定裙子长度，应注意后拖摆的弧度平滑圆顺。确定好腰围线，用斜丝坯布立裁腰带。

（6）修板和转换纸样

将样板获得的布样转换成纸样。在腰围线上做出波浪点记号，修正腰围线。前、后裙片的腰省量均转移为下摆波浪。这样，腰围线、下摆线的弯曲度就增加了。

（7）裁剪、假缝、试穿修正和缝制

基衬裙缝合后劈缝、锁边，或者用来去缝使缝份没有毛边。开口部分按净线折烫，呈并合状缝线固定。注意，腰头左右都留出搭合量。下摆用同种面料绱10cm宽的贴边，并压5～6道明线，这样便会产生挺括感，有利于保持造型。（图2.50）

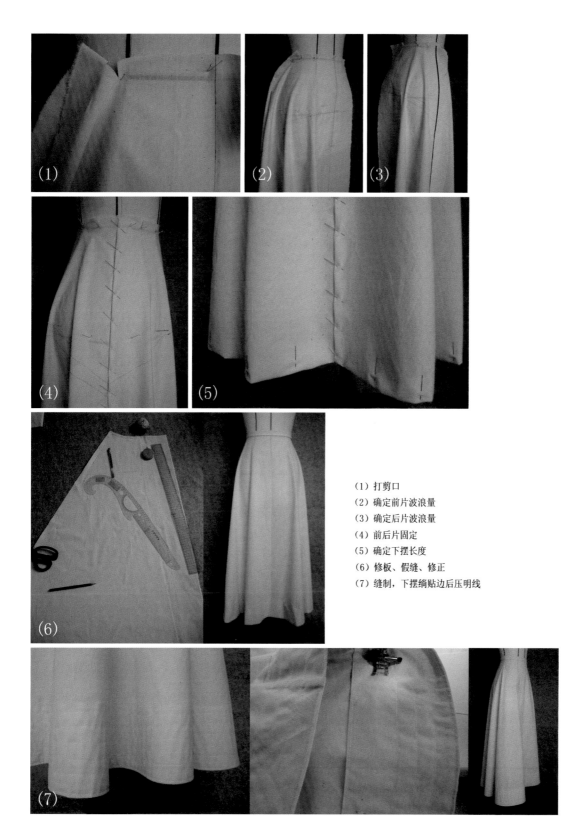

（1）打剪口
（2）确定前片波浪量
（3）确定后片波浪量
（4）前后片固定
（5）确定下摆长度
（6）修板、假缝、修正
（7）缝制，下摆绲贴边后压明线

图 2.50 波浪型裙撑的制作过程

2. 加入裙撑支撑材料

因为裙子容易搅进两腿之间或缠绕在脚上，所以在下摆处可以加入支撑材料。如果想进一步扩展裙子的造型，除了加波浪边，还可以增加支撑材料的数量。支撑材料是在 1.5cm 宽的布带中穿过 1cm 宽的胶骨带。（图 2.51）

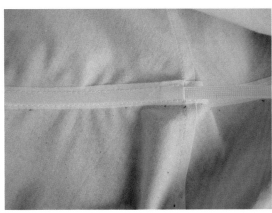

图 2.51　加入裙撑支撑材料

3. 裙撑波浪边的打板

为了更好地体现礼服的外形，有的裙撑需要在基衬裙外面加波浪边。波浪边的宽窄和层次要根据面料与礼服的造型来增减。可以在基衬裙外面整体加波浪边，也可以为了营造效果，将波浪边补充到局部。波浪边可以是单层的，也可以是双层的。波浪边的布料横向使用比纵向使用更具有扩张感，应根据外层礼服的式样留出适当量的开口。（图 2.52）

（1）在基衬裙基础上制作第一层波浪边　（2）在第一层波浪边的基础上制作第二层波浪边　（3）双层波浪边

图 2.52　裙撑波浪边的打板

比较常见的除了波浪形裙撑，还有半波浪形裙撑。半波浪裙是下摆比半紧身裙大、比波浪裙小的裙子造型，没有严格的定义，要根据礼服的廓形需要来决定。腰省是必要的，裙摆不能影响步行，有一定的松量。一个腰省被转到下摆处成了波浪，变成了前后各一个省，省道量由造型决定。

4. 裙摆的处理方法

对于没有必要使用裙撑的礼服来说，为了保持礼服下摆扩展的外形，以及防止裙子缠绕身体，可根据礼服的外裙或衬裙下摆的造型，用蝉翼纱做下摆衬里。此外，也可以在下摆处缝进马尾衬。马尾衬一般是用来做帽子的材料，但与裙撑下摆加胶骨相比，其效果比较柔软，如美人鱼形裙也有用宽幅马尾衬带来做矫正的。

下摆贴边放入马尾衬的方法是，将马尾衬与下摆曲线对齐，在下摆折边上绷缝固定马尾衬；折回下摆折边，先绷缝，然后偷缝。注意，缝线要松，线迹不要露到正面。（图 2.53）

图 2.53　下摆绷缝马尾衬

[思考与实践]

1. 上机练习，熟练掌握礼服制作的基本工艺。

2. 熟练掌握在立体裁剪人台上对礼服贴身胸衣和裙撑进行打板与制作，为设计制作礼服打下工艺基础。

第三章
礼服的设计与制作

【本章要点】

1. 了解并掌握礼服设计与制作的基本过程。

2. 培养礼服灵感来源的挖掘与设计、绘图等设计能力。

3. 培养平面裁剪、立体裁剪、面料再造等制作能力。

【本章引言】

礼服设计不仅要明确礼服的概念、设计规律，而且要熟悉面料、辅料、装饰材料的运用技法和外观效果，同时要具备一定的设计能力。在礼服设计与制作过程中，首先要掌握基本的立体裁剪技术和缝制工艺，能够熟练解决礼服立体裁剪中所涉及的问题，以及上机缝纫的过程中出现的问题。

本章主要讲解礼服设计与制作的完整流程，通过学习，学生应达到独立设计与制作礼服的能力。

第一节   礼服的设计

一、礼服设计的主题风格和灵感来源

　　现代社会越来越追求时尚化、个性化，礼服款式呈现时尚性、独特性和多样化的特点，设计的风格也多种多样，如传统风格、民族风格、朋克风格、前卫风格、简约风格、奢华风格等。在礼服设计时，首先要根据着装者所穿礼服的时间、地点、场合进行相关调研，其中比较重要的一环就是灵感来源的挖掘。有了较好的设计构思，就可以进入绘制草图、确定款式和面料等具体设计阶段。每一阶段都需要设计师严谨构思，反复斟酌，直到着装者满意。

　　礼服设计离不开好的灵感来源，而寻找灵感来源需要进行大量的资料收集。灵感来源的范围涉及世界万物和日常生活的方方面面，下面针对几种来源进行简要介绍。

1. 民族元素

　　民族元素包括民族色彩、民族建筑、民族纹样、民族服饰品等，具有种类繁多、装饰复杂、审美性强等特点。民族元素中丰富绚丽的色彩、独特的款式造型、意蕴深远的服饰图案、精巧绝伦的服饰工艺等，都可以成为服装设计师发挥设计创意的重要灵感源泉。在全球经济一体化的背景下，人们逐渐清醒地意识到文化多元性及民族传统文化历史延续的重要性，以礼服为载体，将民族传统文化中的色彩、图案、印染、刺绣、饰品、工艺等元素在现代礼服设计中进行运用与创新具有重要的意义。特别是作为中国未来的设计师，如何传承民族传统文化，使其与现代时尚文化协调融合，并以此理念为原则进行设计创新，使民族元素在礼服设计上迸发出新的活力，从而使中国传统文化得到真正的传承与创新发展，已成为礼服设计的重要课题。

　　随着传统文化复兴的思想逐渐深入人心，大量的中国元素越来越受到追捧，许多西方艺术家在自己的作品中尝试运用一些中国元素。譬如说，约翰·加利亚诺极善于在历史、民俗、东西方文化等领域寻找灵

图 3.1　1997 年秋冬，约翰·加利亚诺设计的中式时装

感，尤其对中国元素及东方韵味情有独钟。如图 3.1 所示为 1997 年秋冬约翰·加利亚诺设计的中式时装，非常惊艳。他在当年秋冬系列时装的首秀中，重现了 20 世纪 30 年代的上海女性形象。他将许多中国元素运用到服装设计中，以好莱坞第一位华裔影星黄柳霜为原型，通过模特妆发、服饰、场布等方面充分体现了东方女性形象；运用盘扣、云肩、立领、丝绸、织锦、中国结、锦囊、折扇、纸伞等元素，对中式传统服饰进行解构重组；将传统旗袍的直纹调整为斜纹，通过面料本身的拉伸度去凸显女性曼妙的身姿；将梅兰竹菊、吉祥文字、龙凤纹样等传统中式图案融入面料设计，并结合西方大胆的色彩与剪裁，将东方女性文雅却不失性感和韵味的美感表现得淋漓尽致。

如图 3.2 所示为 1998 年秋冬保罗·史密斯（Paul Smith）推出的女士晚礼服，是一款运用了印有玫瑰图案面料的袍服型设计。如图 3.3 所示为 2012 年贾尔斯·迪肯（Giles Deacon）作品，这一曳地长款晚礼服由红色绸缎制作而成，采用了中国剪纸元素。

图 3.2　1998 年秋冬保罗·史密斯设计的女士晚礼服

图 3.3　2012 年贾尔斯·迪肯礼服作品

　　如图 3.4 所示系列作品是以沈阳故宫博物院藏品"大红缂丝女夹袍"和"龙袍"为原型进行创新设计的两款礼服。该作品一方面传承、弘扬和展示了沈阳故宫优秀的传统文化，另一方面将宫廷传统服饰进行现代设计加工，结合现代服饰时尚潮流，实现文化创意产品再设计。该作品主要提取马蹄袖、盘扣、海水江崖、云纹等元素，选用棉绢、织锦缎、欧根纱等材料；运用斜纱绲边工艺，层层叠压，并结合珠绣工艺，形成不同的肌理变化；色彩以中国传统的红色和代表海水的蓝色调为主色调，表现出优雅、含蓄、内敛的中国情怀。

图 3.4　中国清代宫廷元素礼服系列作品（作者：张馨月、周宏蕊）

在众多民族元素中，民族纹样是设计创作中的重要灵感来源之一，其在服装设计领域中的运用长盛不衰，并且在现代礼服设计中的运用越发广泛。民族纹样在世界各国服装设计师的作品中都有展现，成为他们礼服设计的创作源泉。如图 3.5 所示为以日本浮世绘为灵感设计的礼服作品。

图 3.5　带有日本民族元素的礼服作品

2. 自然元素

大自然中的灵感来源包括植物、山川、海洋、河流、落日、霞光等，这些浪漫的自然元素都被服装设计师运用到高级定制礼服上。正是这些无穷无尽的大自然之美，才为服装设计师提供了取之不竭的设计灵感与素材。

在众多自然元素中，花卉元素是被广泛运用于礼服设计的永恒主题之一。如图 3.6 所示为 1855 年左右用奶油色丝织品制作的印花图案晚礼服，采用三段抽褶塔式设计，胸前运用立体花卉设计，尽显女性的优雅与浪漫。

图 3.6　1855 年左右晚礼服设计

花卉立体造型被广泛地应用于礼服设计中，仅仅是因为花卉的美观性，更多的是因为花卉立体造型在表达形式、运用部位及工艺手法具有灵活性和多样性。如图 3.7 所示为 1932 年左右 Bouè Soeurs 设计的礼服，在裙摆处装饰了花卉立体造型。如图 3.8 所示为 2007 年罗达特品牌推出的以花卉为灵感设计的礼服。罗达特的这款礼服设计也运用了花卉立体造型，从中可以看到许多花的元素，或是利用造花形成立体样式，或是利用数码印花技术印在面料上，但大量的花朵没有给服装带来"老气"的感觉，反而多了几分灵动。其实，在罗达特推出的每一季时装中，都可以看到自然元素的运用。

图 3.7　1932 年左右 Bouè Soeurs 设计的礼服

　　如图 3.9 所示为 1958 年迪奥设计师伊夫·圣·洛朗设计的黑色礼服，搭配了粉色立体花朵。约翰·加利亚诺同样延续了迪奥常用的花卉这个传统且经典的时尚元素，他以大自然的花卉作为灵感，创造出无与伦比的梦幻时装，每个细节都精妙地还原并提炼了自然风貌。郁金香、丁香、百合、玫瑰、鸢尾等，都成为约翰·加利亚诺设计的灵感来源，他在设计前悉心研究花卉的色彩、花型、纹理走向。约翰·加利亚诺设计的礼服在一片生机盎然之下迸发出女性的朝气与热情，如图 3.10、图 3.11 所示为他为 2010 年秋冬巴黎高级定制时装周开幕式设计的礼服。

图 3.8 2007 年罗达特品牌推出的以花卉为灵感设计的礼服

图 3.9 1958 年伊夫·圣·洛朗设计的黑色礼服

图 3.10　2010 年约翰·加利亚诺以郁金香为灵感设计的礼服

图 3.11　2010 年约翰·加利亚诺设计的高级定制礼服

图 3.12　1957 年秋冬迪奥黑色系带礼服

除了花卉元素，动物元素作为设计语言也常常被运用到礼服设计中，所呈现出的效果深受人们喜爱。如图 3.12 所示为 1957 年秋冬迪奥黑色系带礼服，饰以黑色鸵鸟羽毛。如图 3.13 所示为 2004 年秋冬约翰·加利亚诺设计的高级定制露肩式礼服，运用了孔雀元素来彰显女性的优雅与美丽。如图 3.14 所示为 2010 年春夏亚历山大·麦昆设计作品，运用精心处理的海洋爬行动物印花，将女性魅力与海洋哺乳动物相互融合。

图 3.13 2004 年秋冬约翰·加利亚诺设计的高级定制礼服

图 3.14 2010 年春夏亚历山大·麦昆设计作品

3. 几何元素

几何元素，作为最早在服饰中运用的设计元素，或以几何纹饰呈现，或以几何图案呈现，或以多种几何图形组合成的多维空间呈现，直到现在还广泛地应用于服装设计中。从许多服装设计师的不同季节的作品中，我们可以看到几何元素被大量使用。如图 3.15 所示为 2008 年春夏克里斯托弗·布鲁克（Christopher Brooke）和布鲁诺·巴索（Bruno Basso）服装及图案设计作品，设计师以柔和色调的调色板和几何美学展示了他们的创意。如图 3.16 所示为 2009 年 Crystallographica（晶体学）几何元素设计作品，设计师将结构式运用和立体式运用相结合，非常凸显个性，除了符合人体美学，还增加了女性独特的美感。

图 3.15　2008 年春夏克里斯托弗·布鲁克和布鲁诺·巴索服装及图案设计作品

图 3.16　2009 年 Crystallographica 几何元素设计作品

二、绘制设计草图

礼服的款式、色彩、面料等都可以通过灵感来源进行确定，在确定灵感来源之后需要绘制草图进行构思，因为绘制草图是表达设计构思的重要手段。下面以学生作品为例介绍从灵感来源转化到草图的构思过程，如图 3.17 所示。

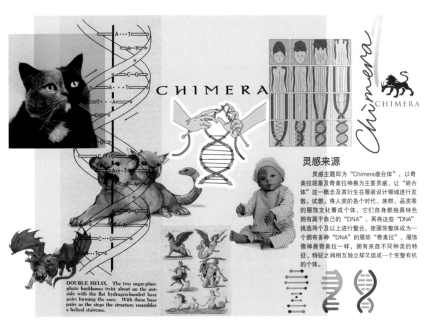

（1）灵感来源

（2）设计草图

图 3.17　灵感来源及草图的形成过程（2016 级学生梅至仪作品）

（3）廓形几何规划

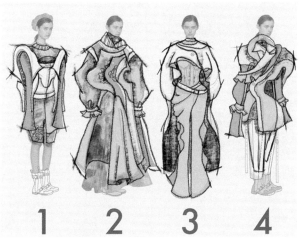

（4）结构平面构成规划

（5）结构纵向感

图 3.17　灵感来源及草图的形成过程（2016 级学生梅至仪作品）（续）

三、确定款式与材料

在大量草图中，先应根据人们的喜好、体型、职业及生活环境等重要因素来确定款式，再考虑季节、着装目的、年龄、费用、流行趋势等因素，然后选择材料确定设计。材料包括：不透明材料，如羊毛、细棉、锦缎、真丝、塔夫绸等；透明材料，如乔其纱、真丝雪纺、蕾丝等；辅助材料，如胸衬、隐形拉链、牵条、纽扣、花边、装饰品等。一般来说，里子选用绸缎或高档衬布，底衬选用薄厚不同的粘合衬，裙撑选用薄厚不同的纱网等。

在选择材料时，除了需要判断面料能否很好地表现出设计理念，还需要考虑材料的吸湿性、透湿性、透气性、保湿性、重量等对人体生理产生影响的物理特性是否符合着装目的。这些都是所选材料需要满足的基本条件。

在礼服制作中，确定款式与材料的前后顺序是不固定的。由于面料通常是从市场上购买的，因此很多情况下需要针对购买的材料确定款式，或者根据自己设计的款式对面料进行再造。面料再造的手段与方法很多，通过再造可以使设计更加生动并具有特色，如图 3.18、图 3.19 所示。

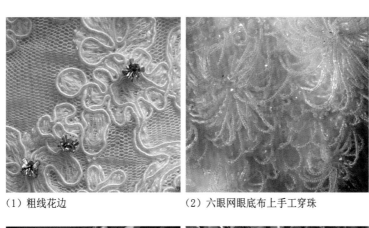

（1）粗线花边 　　　　　　　（2）六眼网眼底布上手工穿珠

（3）雪纺底布上手工装饰花边、珠绣　（4）网眼蕾丝再造织物

图 3.18　面料再造

（5）麻织物底布上装饰玻璃纱、打籽绣　　（6）63毛织物底布上手工刺绣花型

（7）细麻、网眼纱为底布的手工刺绣　　（8）细麻织物为底布的手工刺绣　　（9）玻璃纱

（10）塔夫绸、六眼网眼底布上手工装饰蕾丝花型、穿珠　　（11）塔夫绸底布上手工装饰花型

图 3.18　面料再造（续）

面料选择

面料在色彩上主要为3个色度的黄色，搭配以白色和色相多元的花色。黄色面料的质感以软硬适中为主，以有型挺廓3个黄色系的风衣面料为主，一些披风被肩位置选择同色系同材质略带缎面光泽感面料进行搭配使用。以服装面料空气针织层为辅，以达到下摆的垂感需要。有一定垂感的面料可以让设计中的延伸下摆形态更加流畅。选择的结果与设计稿色差降到最小。

在背包夹克、披风等白色单品的设计上主要选择在白色范围内有些许肌理感的皮质，例如蛇纹、鳄鱼纹，在白色范围内搭配拼接，意在增加细节上的颗粒感。

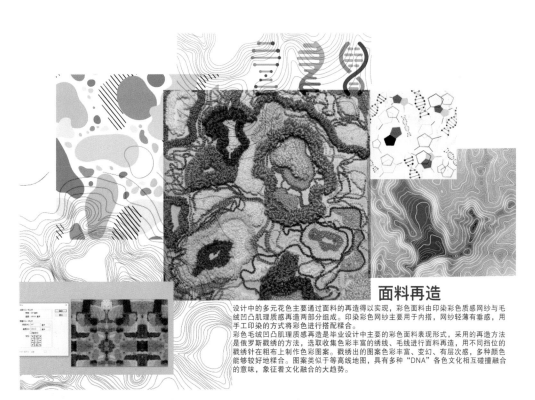

面料再造

设计中的多元花色主要通过面料的再造得以实现，彩色面料由印染彩色质感网纱与毛绒凹凸肌理质感再造两部分组成。印染彩色网纱主要用于内搭，网纱轻薄有垂感，用手工印染的方式将彩色进行搭配糅合。

彩色毛绒凹凸肌理质感再造是毕业设计中主要的彩色面料表现形式，采用的再造方法是俄罗斯戳绣的方法，选取收集色彩丰富的绣线、毛线进行面料再造，用不同挡位的戳绣针在粗布上制作色彩图案。戳绣出的图案色彩丰富、变幻、有层次感，多种颜色能够较好地糅合。图案类似于等高线地图，具有多种"DNA"各色文化相互碰撞融合的意味，象征着文化融合的大趋势。

图 3.19 面料选择与面料再造（2016 级学生梅至仪作品）

四、绘制效果图和款式结构图

　　确定款式和材料后，需要绘制效果图和款式结构图，如图 3.20 所示。服装设计的效果图和款式结构图用于表达服装艺术构思和工艺构思的效果与要求，注重服装的着装具体形态及具体裁剪结构，以便于在制作中准确把握要领，保证成衣在艺术和工艺上都能完美地体现设计意图。

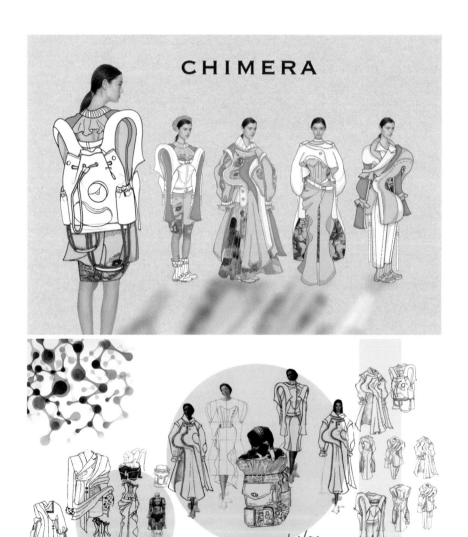

图 3.20　效果图和款式结构图（2016 级学生梅至仪作品）

第二节　礼服的制作

一、礼服制作的基本过程

在礼服制作之前，需要进行尺寸测量、选择适合的裁剪方法的前期准备工作，制作时要进行裁剪、假缝、试穿，最后完成制作。只有严谨对待每一个步骤，制作成品才能达到与设计图基本一致的效果。

1. 人体测量

在礼服制作中，人体测量也称为"采寸"，通常是指根据服装设计和制作的特点，测量必要的人体尺寸和款式所对应的服装尺寸。测量项目根据设计风格的不同而有所不同，如在合体礼服中，需要测量的项目包括胸围、腰围、臀围、身高、背肩宽、袖长等人体尺寸，以及与这一款式相对应的裙长、七分袖或半袖的袖长等服装尺寸。要想掌握详细的人体特征，还需要测量前长、后长、背宽、胸宽，以及其他细部尺寸。总之，需要先详细了解各部位的尺寸和设计款式之间的关系，再进行实际测量。

至于具体的测量方法，人体的基本测量数据以静立状态下的计测值为准。静立时的姿势又称为"立位正常姿势"，是指头部的耳、眼保持水平，后脚跟并拢，手臂自然下垂，手掌朝向身体一侧的自然立位姿势。

根据测量值的使用目的，可以选择不同的着装状态。如果为了获得人体本身的数据，通常选择裸体测量；如果用于外衣类计测，在不妨碍测量的情况下，可以选择穿着文胸、内裤或轻型的腹带；在对测量数据要求不是十分严格的情况下，也可以穿着形体服。由于礼服很多是紧身合体的款式，需要更加精确的尺寸，因此常常选择裸体测量。

2. 制作纸样

制作纸样可采用多种方法，如立体裁剪、平面裁剪及并用法等，也可根据设计师各自擅长的技能选择合适的方法（图3.21）。对于不同的款式来说，立体裁剪比较直观，而平面制图简便易行。

3. 裁剪和标记

在礼服制作中，通常先用坯布裁剪，经过假缝和试穿后，再用修正后的纸样进行实物裁剪。裁剪前应仔细检查布料，在有瑕疵的地方做上标记，裁剪时注意避开。此外，针对某些面料，需要进行预缩处理。

排料时，应充分考虑面料的使用率。对于需要假缝后再进行裁剪的零部件（包括领子、过面、口袋、腰带等），应预先留出面料使用量。

图 3.21　制作纸样过程

对于带有不规则图案的面料，应优先考虑花纹和颜色的位置，以便穿着时能显现优美的比例和漂亮的脸庞。这是单件制作的最大优点。

在放缝份时，除了要考虑正式缝合时所需要的量，还需要考虑假缝后所需要的修正量和设计过程中未决定因素所对应的修改量。但应该注意，在领口和袖窿等部位，如果缝份预留得过多，则不便于试穿。对于过面和口袋等部位，以及里料、衬等，试穿修正后再裁剪。

做标记的方法有使用滚轮做标记、打线钉、缝线标记等。

棉质面料一般使用第一种方法做标记，但使用滚轮时注意不要损伤布料。羊毛面料适合采用打线钉的方法做标记。丝绸布料一般也采用打线钉的方法，但使用的线比较细。裁片在只有一片的情况下，可以采用缝线标记的方法做标记。

4. 假缝

为了尽量表现出服装假缝后的立体感，应在需要的部位烫贴粘合衬（前片衬等），并放出适当的缝份，同时应在缝合方法、顺序与设计上多下工夫。另外，除非有必要，应尽量避免使用细密针脚，在服装的重力支撑部位（如肩部、腰部）及在外力作用下面料有可能伸长的部位，应尽量贴上细的牵条，其他容易脱散的部位则需要贴上较宽的牵条。要保持服装的立体效果，这一点在缝制过程中非常重要。

5. 试穿和修正

假缝后的试穿过程需要按照以下几点进行检查修正。

（1）纸样与体型是否适合。在检查尺寸适合度的同时，检查纸样与人体形态的匹配度，力求塑造出更加漂亮的体型。

（2）设计意图是否充分地表现出来。

（3）设计形态、细节与着装者的个性是否相符，服装是否与生活环境和生活习惯相适应。

（4）是否符合着装目的，便于活动。

6. 缝制

通过假缝、试穿、修正之后，用本料进行礼服的缝制。

7. 最后试穿

缝制完成后的着装效果由设计师和着装者共同检查评价，这是礼服制作的另一特点。具体检查项目如下所列。

（1）设计是否与着装目的相吻合，纸样是否与个人体型相匹配。

（2）是否与着装目的对应的活动范围相符合，是否有不舒服的压迫感。

（3）能否使着装者的个性显得更加完美、突出，同时与时尚流行相匹配。

（4）配饰、鞋、发型、化妆等应该如何搭配才能符合着装目的，并且更加完美。

总之，为了使服装成品达到完美的效果，检查、评价着装者与服装是否融为一体，以及评价服装的实用性和美观度，是非常重要的环节。

如图 3.22～图 3.28 所示为学生的完成作品与设计制作过程。

图 3.22　2016 级学生梅至仪作品

图 3.23　2007 级学生马兰作品

图 3.24　2007 级学生王智作品

图 3.25　2010 级学生张尤佳作品

图 3.26　2011 级学生唐丹丹作品

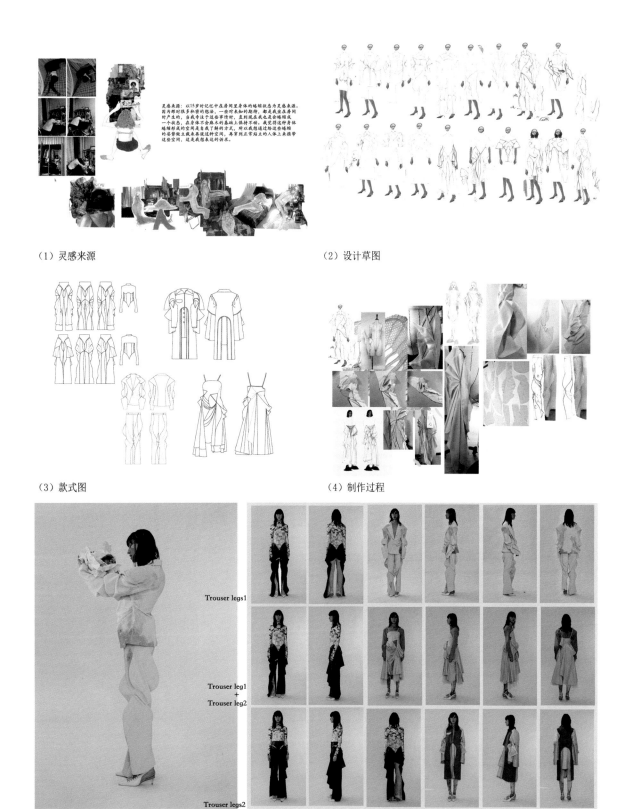

（1）灵感来源

（2）设计草图

（3）款式图

（4）制作过程

（5）成衣展示

图 3.27　从灵感来源到成品的设计制作过程（2016 级学生高宇萌作品）

（1）灵感来源

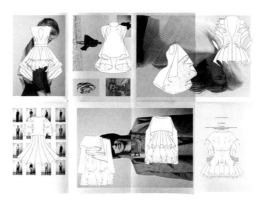

（2）设计草图

（3）效果图及款式图

（4）制作过程

（5）成衣展示

图 3.28　从灵感来源到成品的设计制作过程（2013 级学生韩叙、陈小冰、方文燕、王雪纯作品）

二、立体裁剪的其他要点

立体裁剪不仅可以实现设计效果图的造型要求，有时在操作过程中，还可以结合面料的风格和物理特性进行再创作和再设计。在立体裁剪的过程中，可以直接使用成品布料，但大多数情况下使用平纹坯布。市场上出售的坯布，根据薄厚、组织粗密等可以分为不同的等级，应尽量选择与成品布料效果接近的坯布。

处理褶皱礼服时，先要把制作好的紧身胸衣固定放在人台上，用立体裁剪方法固定外层礼服的褶皱，然后用星缝固定，从前中心缝到侧缝注意褶皱不要散开。紧身胸衣的长度超过连接裙腰口的位置，先要在胸衣里面加配里子，将胸衣与外层礼服一同缝制，然后根据礼服的颜色配以合适的拉链。（图 3.29）

图 3.29　2012 级学生王露、张艺菲作品的褶皱制作过程

[思考与实践]

1. 设计制作一套礼服，流程包括市场调研、草图构思（15～20 款）、设计定稿、购买材料，以及礼服的立体裁剪操作、制板、裁剪、上机缝制。

2. 制作小册子，内容包括设计灵感、设计草图、手绘效果图、附面料小样和正背面款式结构图、立裁制板过程、成品展示图片等。

CHAPTER FOUR

第四章
世界著名服装设计师作品欣赏

【本章要点】
世界著名服装设计师的设计风格及其代表作品特点。

【本章引言】
本章列举了 10 位世界著名服装设计师，他们的设计风格备受人们推崇，他们的设计作品影响深远。本章通过展示这些设计师的作品并作简要解析，进一步提高学生对礼服的认知和鉴赏品位，以为其开创独特的礼服设计思维拓宽视野。

一、查尔斯·弗雷德里克·沃斯作品欣赏

"高级时装之父"查尔斯·弗雷德里克·沃斯（Charles Frederick Worth，1826—1895）出生于英国的林肯郡，1858年开设设计室，在当时作为高级定制服装店的先驱相当有名。他的作品以膨大的撑架裙为代表，在宫廷和上流社会有着相当多的客源。特别是在成为拿破仑三世欧仁妮皇后的特别设计师以后，他的声望进一步提高。他擅长将别具一格的设计、面料及包括纽扣在内的附件统一化，在充分把握顾客的肤色、体型和爱好的基础上，引用色彩、面料甚至每一个细小的装饰品，制作出豪华的礼服。他的儿子让·菲利普·沃斯（Jean Philippe Worth）也是著名的时装设计师。（图4.1～图4.8）。

【更多查尔斯·弗雷德里克·沃斯作品】

图4.1　19世纪60年代查尔斯·弗雷德里克·沃斯礼服作品

图 4.2　1872 年查尔斯·弗雷德里克·沃斯礼服作品

图 4.3　1880 年查尔斯·弗雷德里克·沃斯设计的婚纱礼服（19 世纪 80 年代末的礼服腰部变得扁平，但用布褶塑造出后拖裙，装饰的要点与后撑裙式样相同，造型非常优雅、漂亮）

图 4.4　1888 年查尔斯·弗雷德里克·沃斯礼服作品

图 4.5　19 世纪七八十年代查尔斯·弗雷德里克·沃斯礼服作品

图 4.6　1889 年查尔斯·弗雷德里克·沃斯设计的午后礼服

图 4.7　1893 年让·菲利普·沃斯作品（19 世纪末流行的羊腿袖）

图 4.8　1898 年让·菲利普·沃斯设计的晚礼服

　　查尔斯·弗雷德里克·沃斯在服装设计上摒弃了新洛可可风格的繁缛装束，改变了当时流行的那种笨拙造型的硕大女裙，将女裙的造型线变成前平后耸的优雅样式，掀起了一股优雅的"沃斯时代"风。查尔斯·弗雷德里克·沃斯作为巴黎高级服装店全盛期的引路人，他的成功激励了许许多多的服装设计师，直到现在，高级服装店仍作为巴黎的一种传统一直延续下来。

二、珍妮·帕康作品欣赏

　　才华出众的服装设计师珍妮·帕康（Jeanne Paquin，1864—1936）和查尔斯·弗雷德里克·沃斯同属擅长设计豪华舞会礼服的设计师，但珍妮·帕康的作品是以温柔、调和的中间色调和18世纪礼服之美为设计主体风格。她的作品在大西洋两岸的欧美社交界博得了广泛喝彩。在巴黎众多的服装店之中，珍妮·帕康推出的作品有着无与伦比的丰富性和精美感，原因就在于她的作品率先大量使用了花边和刺绣。此外，高档材料加上新技术使她设计的作品成品价格极为昂贵。（图4.9～图4.12）

三、保罗·波依莱特作品欣赏

　　20世纪初，巴黎时装界出现了本世纪第一位被称为"革命家"的设计大师——保罗·波依莱特（Paul Poiret，1879—1944），他取下了箍塑在女性身上近四百年的紧身胸衣，彻底改变了女性的身体外形，以及人们对于女性身体的欣赏眼光，将女性从紧身胸衣的禁锢中解放出来。他将东方风格糅进西式时装中，推出名为"孔子"的中国大袍式系列女装。他的设计奠定了20世纪流行的基调，在服装史上具有划时代的意义。在保罗·波依莱特设计的服装中，我们总能隐约地找到古罗马裙袍、中国旗袍、日本和服、阿拉伯长裙、印度纱丽等的痕迹。保罗·波依莱特开创性的设计包括胸罩、单肩睡衣、霍布尔裙和灯笼裤等。（图4.13～图4.16）

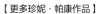
【更多珍妮·帕康作品】

【更多保罗·波依莱特作品】

图 4.9　1895 年珍妮·帕康礼服作品

图 4.10　1906—1908 年珍妮·帕康晚礼服作品

图 4.11 20 世纪初珍妮·帕康晚礼服作品

图 4.12　1912 年珍妮·帕康晚礼服作品

图 4.13　1910 年保罗·波依莱特晚礼服作品

图 4.14　约 1910 年保罗·波依莱特设计的晚礼服（这件缎子晚礼服覆盖着一层薄薄的金色装饰纱裙，外面还罩着一件用彩色珠钉和金色线刺绣进行装饰的外套）

图 4.15　1913 年保罗·波依莱特礼服作品

图 4.16　1920 年保罗·波依莱特礼服作品

四、麦德林·维奥涅特作品欣赏

　　麦德林·维奥涅特（Madeleine Vionnet，1876—1975）是和加布里埃·香奈儿、艾尔莎·夏帕瑞丽一起风靡于 20 世纪二三十年代的三大时装设计师之一。她和保罗·波依莱特一样，竭力主张废弃女性紧身胸衣，她的设计强调女性自然身体曲线。1920 年，麦德林·维奥涅特首创"斜裁"法，引起时尚界轰动，因此被称为"斜裁女王"。

　　斜裁法采用 45° 对角裁剪的方式，最大限度地发掘面料的伸缩性和柔韧性，更适合人体运动。简单的正方形、长方形、圆形、几何图形面料经麦德林·维奥涅特之手，通过肩部、腰间的自然衔接、组合，以及利用其自身所具有的下垂性和弹性等，被创造成一件件精美的作品。她的作品利用面料的斜丝裁出十分柔和的适合女性体型的女装，强调动的美感，具有多样化的悬垂衣褶和波浪。她设计的套在脖子上三角背心式的夜礼服、前后开得很深的袒胸露背式的夜礼服、尖底摆的手帕式裙子、装饰艺术风格的刺绣礼服等，都别具匠心。麦德林·维奥涅特的设计用色一般都比较柔和、清新，她擅长将银色、金色、黑色和白色等强烈的颜色用在需要凸显其革命性技艺的地方。（图 4.17～图 4.21）

五、加布里埃·香奈儿作品欣赏

　　加布里埃·香奈儿（Gabrielle Chanel，1883—1971）是法国先锋时装设计师，香奈儿品牌的创始人，20 世纪时尚界重要人物之一。她对高级定制女装的影响令其被《时代》杂志评为 20 世纪影响最大的百人之一。她的设计不仅简洁、舒适，而且推动了服装设计的新理念。虽然她本人终身未嫁，但她先后交往的五位不同国籍的情人都曾给予她灵感。由于她本人美丽俏皮，因此其装束也常常引发流行，乃至其于 20 世纪 20 年代设计的作品，仍可以原封不动地被现在的人穿用。她曾说"我只是一种样式"，的确，在 20 世纪的设计大师中，还没有一位像她的作品那样长寿。"香奈儿套装"已问世近一个世纪，现在仍保持着原有的风格特征，只是自 20 世纪 50 年代以后，面料改为粗花呢而已。总之，加布里埃·香奈儿是 20 世纪 20 年代巴黎时装界的女王，人们也常把这个时期称作"香奈儿时代"，可见她对现代女装的形成起到了不可估量的作用。（图 4.22～图 4.25）

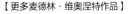

【更多麦德林·维奥涅特作品】　　　　【更多加布里埃·香奈儿作品】

图 4.17　1929 年麦德林·维奥涅特礼服作品

图 4.18　1929 年麦德林·维奥涅特礼服作品局部

图 4.19　1937 年麦德林·维奥涅特晚礼服作品

图 4.20　1938 年麦德林·维奥涅特晚礼服作品

图 4.21　1939 年麦德林·维奥涅特晚礼服作品

图 4.22　1932 年加布里埃·香奈儿设计的晚礼服（这件修长的蓝色雪纺裙经由斜裁法制成，成千上万的蓝色金属亮片令整件裙子熠熠生辉，唯一的装饰细节就是领口处出现了一个微妙的蝴蝶结图案）

图 4.23　1938 年加布里埃·香奈儿吊带式晚礼服作品

图 4.24　1928 年香奈儿经典套装

图 4.25　1966 年、1969 年香奈儿套装

六、格雷夫人作品欣赏

格雷夫人（Madame Grès，1899—1993）是法国高级定制服的先驱之一，她追随麦德林·维奥涅特的斜裁手法，为高级定制服的世界吹入一股新古典主义清风。她讨厌用针线进行呆板的缝制，在她制作的衣服上，很少能看到工业化生产高效又急躁的痕迹。她将面料整匹披在模特身上，直接进行缝制，褶皱全用手工完成。她还将布料在人体上进行缠绕、打褶、裁剪，服装自然下垂时就会形成众多褶皱，这个过程就如同一位雕塑家熟练地控制石料的块面线条一样。格雷夫人曾说过："我想成为一名雕塑家，我把所有的布料都看作石头，我要去精心地雕刻。"由此可以窥见她对服装美感的追求，她设计的斜肩礼服、雪纺纱褶皱裙都带着希腊式的唯美，模特起舞时薄如蝉翼的衣裙能让光线柔和地覆盖身体，静止时却像雕像一般。（图 4.26～图 4.29）

七、艾尔莎·夏帕瑞丽作品欣赏

艾尔莎·夏帕瑞丽（Elsa Schiaparelli，1890—1973）生于意大利罗马的名门之家，她所设计的服装虽然成为受欢迎的高级时装，但与当时线条柔和且女性魅力十足的流行样式完全背道而驰，对 20 世纪 30 年代的服装设计带来了极大影响。她的设计十分重视服装的舒适性、合体性，设计灵感常常来自建筑。她说人的形体在服装设计中绝不能忽视，犹如建筑物的框架，不管线条、细节多么有趣，都必须同人体这个"框架"有机联系起来。她对服装造型的理解，如同一位雕塑家对造型的理解一样，而她对色彩的感受，则又像一位现代画家对色彩的感受一样。艾尔莎·夏帕瑞丽是 20 世纪 30 年代的伟大设计师，其设计大多以达达主义、超现实主义风格为主，并与多位艺术家进行联合创作。她设计的范围涵盖了服装饰品等方面，每件作品都可誉为经典，尤其是与艺术家萨尔瓦多·达利合作的龙虾元素，至今仍能在很多时装上看到。（图 4.30～图 4.33）

【更多格雷夫人作品】 【更多艾尔莎·夏帕瑞丽作品】

图 4.26　格雷夫人礼服作品

图 4.27　1937 年格雷夫人晚礼服作品

图 4.28　1961 年格雷夫人晚礼服作品

图 4.29　1960 年格雷夫人设计的晚礼服及紧身胸衣内部结构

图 4.30　1937 年艾尔沙·夏帕瑞丽设计的"龙虾"裙

图 4.31 1937 年艾尔莎·夏帕瑞丽晚礼服作品

图 4.32　1937 年艾尔莎·夏帕瑞丽礼服作品

图 4.33　1939 年艾尔莎·夏帕瑞丽晚礼服作品

八、克里斯特巴尔·巴伦夏加作品欣赏

克里斯特巴尔·巴伦夏加（Cristobal Balenciaga，1895—1972）是巴黎高级时装设计师，世界奢侈品牌巴黎世家的创始人，他把查尔斯·弗雷德里克·沃斯开创的巴黎高级时装发展到一个令人叹为观止的境地。在克里斯特巴尔·巴伦夏加的时装中，普遍带有一种强烈的戏剧性的贵族气派，他一直致力于探索几何形状与人体之间的关系。他像建筑设计师一样擅长研究曲线的力度和结构的变化，并使服装具有立体派的雕塑效果。克里斯特巴尔·巴伦夏加一向精于裁剪和缝制，他的斜裁技术非常精湛，他设计的服装以此起彼伏的流动线条强调人体的特定性感部位，在结构把握上总是保持在宽松与合体之间，使人穿着舒适，身材也显得漂亮。而且他能巧妙地利用人的视觉错位，对时装的腰线做适当的提高或沉降，即使身材不理想的人穿上巴伦夏加服装也能光彩照人。加布里埃·香奈儿评价过他："从设计到剪裁、假缝、真缝，全部自己一人能完成作品的只有巴伦夏加。"（图4.34～图4.37）

【更多克里斯特巴尔·巴伦夏加作品】

九、克里斯汀·迪奥作品欣赏

克里斯汀·迪奥（Christian Dior，1905—1957）是巴黎高级时装设计师，从1947年到1957年，他引领了10年的流行潮流。在1947年2月17日刚刚创立的迪奥时装店举行首届作品发布会时，来自世界各地的时装记者就对发布会上的作品眼前一亮：圆润平缓的自然肩线，用胸罩托起高挺的丰胸连接着束细的纤腰，用衬裙撑起来的宽摆大长裙，长及小腿肚，配上细高跟鞋，整个外形十分优雅，女性味十足。克里斯汀·迪奥因此一举成名，而因此款时装得名的"新式样"这种强调女性腰身的造型从20世纪40年代末就开始流行，直至20世纪50年代。在克里斯汀·迪奥设计的作品中，花卉元素都有很好的体现，尽显女性曲线玲珑、婀娜多姿的身材，这也是克里斯汀·迪奥提倡时装女性化这一设计理念的表现。（图4.38～图4.44）

【更多克里斯汀·迪奥作品】

十、查尔斯·詹姆斯作品欣赏

查尔斯·詹姆斯（Charles James，1906—1978）出生于英国，成名于纽约，他被认为处理复杂裁剪的高手，他那不流于表面装饰的结构造型技巧让时装变得趣味益然。他的服装艺术的最大特点是，最大限度地表现了女性特有的娇艳与妩媚。为了达到这一目的，他的作品中频繁采用收腰、托胸等处理手法。另外，在礼服的裙摆处理上，他通过使用大量面料和撑骨来完成庞大造型的处理。查尔斯·詹姆斯通过这些处理手法让他的作品性感荡漾，女人味十足。他获得巨大成功的一个原因就是巧妙地将性感的魅力注入礼服之中。除了性感，豪华也是查尔斯·詹姆斯礼服作品的一大亮点。他勇于复古19世纪的紧身造型，在礼服内侧采用紧身胸衣，外面使用大量布料，以期为所有的女性打造出一种理想的造型。（图4.45～图4.48）

【更多查尔斯·詹姆斯作品】

图 4.34 1948 年克里斯特巴尔·巴伦夏加秋冬黑色丝绸鸡尾酒礼服作品

图 4.35　1960 年克里斯特巴尔·巴伦夏加晚礼服作品

图 4.36　1964 年克里斯特巴尔 · 巴伦夏加黑色丝绸绉纱、银色刺绣晚装及其局部

图 4.37　1967 年克里斯特巴尔·巴伦夏加晚礼服作品

图 4.38　1947 年克里斯汀·迪奥设计的"新式样"

图 4.39　1948 年秋冬克里斯汀·迪奥高级定制黑色系带小礼服

图 4.40　1949—1950 年克里斯汀·迪奥晚礼服作品

图 4.41　1950 年春夏克里斯汀·迪奥高级定制蓝色、红色和白色花朵印花礼服

图 4.42　1952 年克里斯汀·迪奥礼服作品

图 4.43　1953 年克里斯汀·迪奥晚礼服作品

图 4.44 1955 年春夏克里斯汀·迪奥高级定制礼服作品

图 4.45　1947 年查尔斯·詹姆斯晚礼服作品及局部细节

图 4.46　1949—1950 年查尔斯·詹姆斯晚礼服作品

图 4.47　1951 年查尔斯·詹姆斯晚礼服作品

图 4.48　1955 年查尔斯·詹姆斯晚礼服作品

[思考与实践]

通过收集资料了解这些世界著名服装设计师的生平，并对其经典作品进行解析，结合学习过的礼服设计制作过程中必须遵守的规律，寻求可以突破的范围，以达到设计水平的提升。